生命中美好的一切

总是在你状态恰好的时候，不约而至

拼尽全力，只为成就更好的自己

To do everything you can to be yourself

乔子青——著

台海出版社

图书在版编目（CIP）数据

拼尽全力，只为成就更好的自己 / 乔子青著.
— 北京 ：台海出版社，2018.11

ISBN 978-7-5168-2149-7

Ⅰ.①拼… Ⅱ.①乔… Ⅲ.①成功心理－通俗读物
Ⅳ.①B848.4-49

中国版本图书馆CIP数据核字(2018)第236340号

拼尽全力，只为成就更好的自己

著　　者：乔子青

责任编辑：武　波　　　　装帧设计：尚世视觉
版式设计：薛桂萍　　　　责任印制：蔡　　旭

出版发行：台海出版社
地　　址：北京市东城区景山东街20号　　　邮政编码：100009
电　　话：010-64041652（发行，邮购）
传　　真：010-84045799（总编室）
网　　址：http: //www. taimeng.org.cn/thcbs/default.htm
E-mail：thcbs@126.com

经　　销：全国各地新华书店
印　　刷：北京欣睿虹彩印刷有限公司
本书如有破损、缺页、装订错误，请与本社联系调换

开　　本：880mm×1230mm　　　　1 / 32
字　　数：167千字　　　　印　　张：8
版　　次：2018年11月第1版　　　　印　　次：2018年11月第1次印刷
书　　号：ISBN 978-7-5168-2149-7

定　　价：42.00元

前 言
Foreword

以前，曾有一位朋友问我：“人努力是为了什么？”

这个问题让我思索了很久，期间也想到了很多答案，比如，这个社会讲究适者生存，优胜劣汰，只有努力才可能站稳脚步；个人的价值需要被认同，被肯定，被接纳；为了让自己和自己所爱的人有更好的生活……如果是单选题，这些答案都让我觉得一方面有了，一方面欠缺，让我觉得这样的解释还不够完整。有没有一个答案，可以全面囊括以上内涵呢？这些年我一直在苦寻。

直到有一天我无意间读到一句话：“我拼尽全力，只不过是为了成就更好的自己。”

成就更好的自己，不正是我一直努力的方向吗？

上学时期，我学习一直很用功。母亲说，上小学时，别的小朋友一回家就想着玩，而我总是一门心思先写完作业才会玩，或是帮她干活。小学毕业时，我以全校第一名的优异成绩考入重点中学。之后，我又以优异的成绩考入一所一流大学，大学流行“六十分万岁，多一分浪费”，可我比上中学那会儿还要努力。我不惜每个周末，大家都在宿舍里大睡特睡，我也要拼命地复习。那时的我，在同学们眼中就是“学霸”“考神”，我的成绩令很多人折服，也为之汗颜。

多年以后，一个学长告诉我，“你是我大学期间印象最深刻的一个人，知道为什么吗？刚入学的那次体能测试，仰卧起坐，女生做24个就及格，你却坚持做了42个。女生的800米跑，你明明已经累到跑不动了，却硬是坚持跑了下来。当时我不仅好奇：‘这个矮小瘦弱的女生的内心到底有多么顽强？她明明可以和其他人一样选择中途下场，却要拼命地坚持到底，到底是为了什么？’”我的答案是——“我不想落于人后，即便有时候真的技不如人，我也不想放弃自己。”

工作十余载，我辗转调动几次工作。以前是青年，现在是中年。以前满腔热血，现在趋于淡然。唯有不变的是，我一直还很努力。这几年，我利用周末和业余时间进修完成了MBA（工商管理硕士）课程，考取了心理咨询师和人力资源管理证书，还学会了基本的国画技法，每天坚持读书一小时等。

为什么我这么努力？其实我最不喜欢竞争，我一直努力使自己在竞争中变得强大，也不是为了打败谁，我只是喜欢用努力，用汗水，哪怕是用辛苦，用艰难，对身体、毅力、思想、心智进行磨炼锻造，一步步完善自己，一次次提高自己，活出更好的自己，在每一个转角都能华丽地转身。

我们拼尽全力，只为成就更好的自己。

什么是“更好的自己”，更好究竟是一种什么意思？相信每个人对“更好”的定义肯定有所不同，因为一千个读者就有一千个哈姆雷特。而我是这么定义的：今天比昨天做得好，明天又比今天做得好，每一天都付出不懈的努力、扎实的行动、诚恳的修为，努力堆砌出一个向上的阶梯。

那要有多努力，才会遇见更好的自己呢？到底要多好才算更好呢？

成就更好的自己，意味着我们要对自身的形象负责。

我们需要努力从形象打造自我，有质感的穿搭、合适的妆容，举手投足，言谈微笑，一走一动，每一个细节都要仔细学习，反映出不俗的审美和品味。

成就更好的自己，意味着我们要对自身的生命负责。我们需要在生活中磨砺品性，培养宽容的美德、大气的性格、成熟的心态，拿捏为人处世的分寸，活得气定神闲，方可让生命饱满而有质感。

成就更好的自己，更意味着我们要对自身的价值负责。我们要跟自己和解，允许自己的一时落后和不足。我们还需要有独立的人格，超越他人和环境的局限，付出数倍于常人的努力，让生活按照自己的方向和方式行进。

……

看了这些，你应该知道做更好的自己是一个循序渐进的过程，需要大量的时间、精力以及耐心，需要你苦心孤诣，需要你改变现有的观念，需要你一次次地超越自我。当我们每天都在成长进步，拼尽全力改变现状，竭尽全力达到目标，向前看、向前走的旅程中，我们就是在成就“更好”。

当我想到这些时，我的生命状态也随之改变。如今，当认识与不认识的人称赞我时，当更好的自己为我的内心、生活、事业带来数不尽的赞美、收获、机会时，我更深刻地意识到我们的人生只有一次，在有限的时间里让自己的生命发挥出无限的价值，才能真正体现我们活着的价值。于是，我决定把自己的心得写出来，与更多的朋友分享，也希望大家藉由这本书得到启迪。

“如果你问努力真的有用吗？”“坚持一定会成功吗？”我不能确切地回答“是”。可是我可以很明确地说，当你真正努力了之后，所谓的结果如何也就不再那么重要了，因为在努力的过程中，你已经打败了那个坐享天成、不知进取的自己，已经发现了一个积极向上、朝气蓬勃的自己。

是这样的，最好的一切总是在你状态最好的时候，不约而至。

目 录

Contents

No.1 在自己的故事里成为勇者，世界便无路可挡

No.2 永远不要去追一匹马，用追马的时间来种草

No.3　活得更好的人，最大的底牌就两个字：自律

No.4　当一个人越有边界感，也就活得越好

No.5　标准，决定了你的层次和高度

No.6　在每个细节上做足功夫，你就无懈可击

No.7 活得更好不是甲胄加身，而是内心建篱种菊

No.8 一个人孤军奋战，也要像万马奔腾

No.9 人生的路总是走不完，何不骄傲地往前看

No.1 在自己的故事里成为勇者 世界便无路可挡

成就更好的自己，首先需要精神上的独立，这是对自我的接纳和认可。真实、坦然，但又让人觉得特别舒服，当你拥有了这种特质，所表现出来的状态就是极好的。

这是最坏的你，这是最好的你

几年前，我有幸参加了一次个人成长培训课程，期间一位女学员作了个人分享。她是一家公司的高管，年薪 50 万左右，年轻漂亮，在上海有车有房。所有人都觉得她已经非常成功了，她却说自己一点都不优秀，经常自卑于自己不够完美，容不得半点瑕疵，稍有不足她就会自责，也会在深夜里辗转反侧，难以入眠。一遍遍拿自己与他人比较，一遍遍肯定自己多么的笨拙。

“比如，我天生一张娃娃脸，细长的丹凤眼，肉肉的脸颊，经常被人说清纯可爱，但我向往成熟性感的女人，那样的女人更受欢迎。我一直不满意自己的眼睛，觉得单眼皮太没有魅力了，22 岁那年，我便偷偷去做了一次双眼皮整形手术。后来又觉得鼻子不够挺，又做了一次隆鼻手术。”

这位女士手指着脸部，硬勾出一抹淡淡的微笑：“现在的我，有了双眼皮、高挺的鼻梁、尖小的鼻头、V 形锥子脸，看起来气质上更成熟了，但终究没了清纯可人的气质，个人的特色全没有了。身边不少朋友替我感到惋惜，而我，依然看自己哪儿都不顺眼，一点都不开心，又不知怎么办？”

这一番话听得我心头一震，年少时多少人曾如此自卑，也会不知所措。

随后老师说得一番话，至今让我铭记于心：“你所能做的不应该是盲目地改变自己，而是要学会接纳自己。作为独立的个人，每个人都是独一无二的，而恰恰正是不完美，使你真正区别于他人。”

在生活中，我也曾发现不少人自卑于自己的不完美，觉得自己这也不行，那也不好，或暴躁地烦恼，或压抑地消沉。其实，我们都忘了一个最基本的现实，就是金无足赤，人无完人，世界上没有十全十美的东西。苛求完美的心态与做法，不仅违背了自然，也往往使我们离完美更远。

我们自卑，不是因为我们不够完美，而是我们不能够接受自己的不完美。唯一能真正克服自卑的方法就是：完全地接纳自我。无论你身上好的部分，还是坏的部分，都要完完全全地接纳，不再抗拒和否定真实的自己。当你完全接纳了自我之后，你的身心状态就会是完全的坦然与真实。

事实上，好也好，坏也罢，它只不过是一种相对论，因为每个人都有自己的亮点。例如，你没有迷人的容颜，可是有动人的声音，声音同样可以让你受到瞩目；你不擅长演讲，但你善于倾听，后者同样是让人喜欢的好习惯；你跳不出高雅的舞蹈，可是会写毛笔字也值得别人欣赏……

被誉为20世纪最伟大心灵导师的戴尔·卡耐基曾说：“在这个世界上，你是一种独特的存在。你只能以自己的方式歌唱，只能以自己的方式绘画。你是你的经验、你的环境、你的遗传所造就的你。不论好坏，你只能耕耘自己的小园地；不论好坏，你只能在生命的乐章中奏出自己的发音符。”

做更好的自己意味着我知道自己很好，在我的世界里，我是完整的。我就是我，独一无二的，没有一个人和我一样，永远都是。电影《时空恋旅人》里有一句话，这几年一直深深印刻在我心里：“我们生活的每一天，都在穿越时空，我们能做的，就是尽其所能，珍惜这趟不平凡的旅程。”

每个人都只有一次生命，所以，我们实在没必要严苛地对待自己，每个人都有优点和缺点，将优点发扬光大，其余的就不必理会。

任何时候认识到这一点都不算晚，不过幸运的话，早一些懂得当然会更好。

在过去的20多年里，我一直活在自卑中。总是羡慕别人很有能力，人脉非常广，魅力十足，又十分幽默，到哪里都能快速成为焦点。而自己总是不善表达，反应迟钝，在人群中特别容易紧张。后来我意识到自己完全没有那么糟糕，我只是不擅长对不亲密的人太过热情，了解对方后才逐渐放开自己，让对方慢慢走进自己的世界。在一些事情上，我总显得有那么些“吃亏”。

但是在这个浮躁的时代，很多稳定的关系不是短时间内就能建立的，很多关系也经不起时间的检验。我学不会世故和圆滑，但是彼此熟悉之后，对方会知道，相较而言我注重倾听、情感细腻，相处起来很舒服。明白了这一点的那刻，我便能够坦然接受不擅表达、容易紧张的自己了。

后来，我可以很淡定地看那些在公众场合口若悬河的人，不再默默地自卑了，我努力保证自己有一句算一句，让自己每句话都是走心的，都是发自肺腑的，至于辞藻是否华丽，我不关心了。渐渐熟悉我的朋友，也开始知道我的特点，反而更喜欢这种话不多，但是每句话都是真心话的我了。

当然，现在的我依旧跟完美不沾边，但我学会了不再强求。我接纳了自己微胖的身材，接纳了自己脸上的几颗小痘痘，接纳了自己偶尔的自私和坏脾气。我不再作无谓的比较，幻想自己再像其他人一样。对于自己的人生，我想说——即使我真的不完美，我也值得拥有最美好的人生。

欣赏自己比欣赏别人困难很多，因为欣赏自己需要更大的勇气和自信，需要具备更多的耐心和毅力。这需要我们不把自己当作一只破罐子、烂桌布，随心所欲地抛弃，而是把自己当作上帝一样供奉在高高的神殿之上。最重要的是，我们要在不完美中找到最积极的活法！

最美好的人生，是接纳自己的人生。

最美好的人生，在于自己欣赏自己。

最美好的人生，在于信心满满上路。

原谅我用沧桑的喉咙唱起歌

近日，朋友圈上有人提问：“你见过最厉害的人是什么样子？”

问题一经提出，便有诸多朋友回答了这个问题。

思索一番后，我给出的回答是：“把劣势变成吸引人的优势。”

有人或许会惊讶了：劣势也能吸引人吗？

肯定可以的！而且，劣势吸引的效果未必比优势吸引效果差！

曾看过一档火遍全国的歌唱比赛，入围的选手各个都有实力，有特色。最喜欢的那几个歌手，他们从不哭诉自己的种种不幸遭遇，总是笑盈盈地站在台上唱歌，然后微笑等待评委的点评。其中一个女选手说：“有人问我为什么这么快乐，我为什么不快乐呢？我能唱喜欢的歌，我没有理由不快乐！”

其中一位评委意味深长地说：“说实话，你的嗓音很粗，听着显老，而且很沧桑。”

对于一个女孩来说，这样的评价有些刺耳，但该选手并没有露出失意的神情，而是平静地回答道：“我的嗓音是我的优势。”

顿了顿，该选手继续说道：“多年前，我的声音是非常干净和清澈的，在自己所能接触到的圈子里一直被盛赞，但后来一场车祸导致声带重度损伤，我的嗓音开始变得沙哑。一开始我非常沮丧，后来我开发了一个技能——用一把破嗓子细腻地处理一首歌，用自己的方式来诠释歌曲，现在我已经喜欢上了自己的嗓音。”说完，笑容从她的嘴角荡漾开，一种傲然的神情溢满了她的脸。

评委们笑着点头，台下掌声响起……

的确，这位选手具有高辨识度的声线，只听了一首歌就已经令我过耳不忘，这是很少有人可以与之媲美的。

很久之前看过的一篇文章，说的是一个其貌不扬、缺点多多的姑娘击败了许多看上去很美的女孩，获得了众多男生的青睐，其中不乏优秀者。在生活中，你也一定遇到过这样的人，或者你就是其中之一。至于原因，就在于这种人有一种将劣势转化为优势的本事，散发着独特的个人特质。

如果你仍然心存质疑，不妨来看看世界名模 Winnie 的故事。

Winnie 是加拿大多伦多的一个姑娘，拥有纤细高挑的身材和完美的五官，可是从很小的时候开始，她的身上就呈现出一块一块的白斑——她患有很严重的白癜风，这让她的脸上和身上肤色不均，看起来就像奶牛纹一样。白癜风是一种色素沉淀，细胞死亡的疾病，至今国际上还没有好的治疗办法，Winnie 无药可医，自幼就被不怀好意的同学起外号为“奶牛”“斑马”。

虽然皮肤的缺陷难以治愈，虽然受尽了同学们的冷眼，但

Winnie 从来没有刻意想过遮盖自己的肤色，也没有放弃对于美的追求，她决定做一个职业超模。2014 年，她参加了美国名噪一时的超模选拔真人秀“全美超模大赛”，黑白相间的独特肤色令她十分显眼，人们从来没有见过一个这样的模特，很快她就脱颖而出，走红国际，成为了时尚超模，她也被赞为最独特的超模。

如今，Winnie 再也不会因与生俱来的白斑被人嘲笑，相反现在的她已经成为很多设计师和杂志大片的“缪斯”，诸多追随者甚至把 Winnie 的白癜风当成了一种时尚的标签，开始模仿她的面部特征，通过化妆的手段变得和她一样……明明称不上美丽的她，却收获了无数人的赞美和尊重。

还有法国女演员凡妮莎·帕拉迪丝，“牙缝女”的称号比她的本名还要著名。之所以被称为“牙缝女”是因为凡妮莎的两个门牙中间有一个宽宽的大牙缝，小时候家人和朋友都因为她的这个“先天缺陷”而感到遗憾，但一位知名摄影师见过她的牙齿后，觉得异于常人，有一种非常特别的美。

这让凡妮莎对自己有了信心，她不再害怕暴露自己的缺陷，任何时候都展现出灿烂的笑容。14 岁出道，开始出单曲，出唱片，随后进军影视圈，获奖无数，其中《桥上的女孩》中，她的门牙天真魅惑，让角色显得更有味道，诸多观众都对她的大板牙和牙缝赞不绝口：真是太性感了！凭借着独特的魅力，之后她一举拿下美国牛仔品牌 Hudson Jeans 和香奈儿的形象代言人，人人艳羡。

你有想过你每天抱怨身上的某个劣势，最后变成人人羡慕想要拥有的优势吗？

优势让你出彩，劣势让你出众，真正厉害的人会把劣势变成吸引人的优势。快点找找自己身上哪里不足，不要再埋怨，也不要再掩饰，帮它找个适合的位置展现出来吧！

任性地爱自己，即使别人并不觉得你可爱

相信每个人内心深处，都埋藏着一本让自己难忘的书籍，而《简・爱》则是我心中永恒的青春与话题。

简的一生是平凡而简单的，却也充满了痛苦。幼年时，父母染病双双去世；简被送进孤儿院，却备受院长的虐待；简遇到了心爱的人，却被善意地欺骗。但即使生活抛弃了她，她依然发自内心地爱着自己。里面有一段话，我很喜欢："你以为我穷、低微、不美、矮小，我就没有灵魂，没有心吗？你想错了！我跟你一样有灵魂。哪怕一生很简单，也要好好爱自己。"

"哪怕一生很简单，也要好好爱自己。"第一次看到这句话时，我深以为然。

我注意到，但凡活得更好的人，往往不会去考虑自己哪些地方比别人差。当然，这些人并不是妄自尊大，只是他们懂得爱自己，会发自内心地喜欢自己。在我看来，如果一个人不喜欢自己的话，

那么他基本上是不可能喜欢别人的，甚至对周围的事物和身边的人怀有仇视态度。看看求助于心理医生的人们就不难发现，这些患者有一个共同点，就是往往对自己有着强烈的厌弃情绪。

有一段时间，我也曾深陷于厌弃情绪。

当时我初为人母，除了白天照顾精力充沛的小家伙，经历各种花样的折腾之外，还要处理稿件的各种事情，负责一家三口的一日三餐，扫地、洗衣等家务活，一天马不停蹄地忙下来，经常累到筋疲力尽。看着镜子里身材臃肿、脸部无光的自己，我抱怨自己没有好的身材和面貌，抱怨自己没有得力的公婆，抱怨老公过于忙于事业，抱怨自己没有三头六臂，抱怨自己得不到足够的爱……那些日子，我的内心一直憋屈，看什么都不顺眼，觉得身边的亲人仿佛都亏欠自己似的。

当我向好友抱怨连连的时候，好友一脸诧异："没想到，你也活成了一个怨妇。"

顿时，我的心犹如掉入冰窟，冷到了极点。是啊，以前我是最不喜欢怨妇的，婚前还曾信誓旦旦地说永远不做婚姻里的怨妇，没想到如今我活成了自己最讨厌的样子。

认真思索了一番后，我发现，女人会不会变成怨妇，其实不取决于别人，而取决于自己。没有人逼着我非得变成怨妇，都是自己毁了自己，我把自己每天的时间弄得十分紧凑，随时随地候命伺候小家伙的吃喝拉撒，却忘记了关心自己内心的想法和渴望。除了是妈妈，我还是我自己，不是吗？

接下来，我每天都给自己安排一个小时的休息时间，趁着小家伙睡觉的时间，看看喜欢的书或看期待已久的电影，慢慢喝着水听听音乐，闭上眼睛静静地感受此刻的我，幸福感迅速提升。而当我再次坐在电脑前码字时，内在是很坦然、很轻松的状态，早前带娃的疲惫感消除了，这股力量来源于我自己，我的自爱力。

一个与自己疏远了的人，一个不关爱自己的人，在阻碍自己通往内心的同时，也关闭了通往世界的大门。在这里，我希望阅读此书的每个人都明白，当我们对自己的现状不满时，爱自己，是解决问题的根本办法。

我们从小就被教育爱父母、爱朋友、爱老师、爱事业……爱自己和爱别人并不矛盾，当你向内爱自己的时候，意味着你同时向外敞开了心扉。而站在自己一边，自己爱自己，才能真正懂得生命的含义，体会生活的快乐，展现最真实的自我，得到最丰富的收获，生命才有一个理想的质地。

的确，你一天 24 小时都和自己在一起——整整一生都这样。没人能像你那样准确地读出你的思想，没人能像你那样细腻地感受你的感情……感受、认识并关爱自己，放弃自责和抱怨，克服焦虑和恐惧，我们的内心会变得温柔而坚强，宁静而智慧，由内而外感受到一种深刻的幸福。

千万别说自己没有值得爱的地方，世界上从来没有谁，不配得到爱。

出生时由于医生的疏失，台湾的黄美廉女士脑部神经受到严重的伤害，自幼就患上了脑性麻痹症，以致颜面、四肢肌肉都失去正常作用，她不能说话，嘴还向一边扭曲，口水也不能止住地流下，但是黄美廉女士快乐地用手当画笔，画出了加州大学艺术博士学位，也画出了自己生命的灿烂。这里有什么人生秘诀呢？黄美廉在世界各地举办自己的画展，现身说法，告诉了人们。

一次演讲会上，有个学生直言不讳地问她："请问黄博士，您从小身有残疾，连正常生活都困难，您是怎么看待自己的？有没有过轻生的想法？"

旁边的助手皱起了眉头，但黄美廉朝着这位学生笑了笑，转身用粉笔重重在黑板上写下一句话："我爱自己，我值得爱！"

接着，黄美廉又在黑板上龙飞凤舞地写道：

一、我很可爱！

二、我会画画、会写稿！

三、我的腿很美很长！

……

台下传来了如雷般的掌声……

在常人看来，黄美廉女士失去了语言表达能力与正常的生活条件，更别谈什么前途与幸福了。但是她本人呢？她没有因此自暴自弃，怨天艾人，而是任性地爱着自己。正是这种自信，带领她充满信心地努力，热忱地面对生活，最终走出了失意的困扰，散发出了高贵的生命气息。

所以，不论你漂亮与否，不论你学识高低，无论是遭遇阻碍还是烦恼来袭，请从现在开始任性地爱自己吧。我们只有照顾好自己，留几分爱给自己，才能更有能力，更有动力爱周围的一切。希望有一天，所有人都可以用响亮的声音对自己，也对别人说："我爱自己，我值得爱！"

醒来觉得，甚爱那个素颜的自己

在我的印象中，K小姐长得挺好看，皮肤白皙、眼睛大大、睫毛细长。时尚的她可以不讲究吃，不讲究穿，但是对于化妆品却是毫不吝啬，办公桌上长期摆着粉饼、眼影、腮红、镜子、睫毛膏、假睫毛等，还精心开辟出固定的收纳点，每隔一两个小时她就要补一次妆，同事们从未见过她素颜的样子。这样的人很多吧，也不是没见过，但我总感觉怪怪的，平时不太愿意接触。

一年恰逢司庆，公司要拍些员工照片，K小姐的妆容原本已经很精致了，但她仍然不停地照镜子，在自己脸上涂涂抹抹。“我非常重视自己的妆容，我每天六点就起床，并在工作前化妆。我已经上瘾了，停不下来了。你们知道吗？我连睡觉的时候还化着妆，早上起来再重新化一次。我不会让任何人看到我素颜的样子，包括男友，尽管已经在一起五年，但他还没看到过我的素颜。”

“你的眉毛画得很好，技术挺不错。”我赞叹道。

“我的眉毛是文过的，唇也是漂过的……”K 小姐眨眨眼，笑着说道。

当时我就秒懂了，那种不适感是什么——这是个永不卸妆的人，一个下不了台的演员。顿时，觉得 K 小姐其实还很可怜。就像灰姑娘的故事中，被惩罚穿着烧红的铁鞋不停跳舞的后妈和姐姐，被焦灼驱使着不停地跳，即便累到腿脚发软、筋疲力尽，也不敢停下来。

不知道你有没有发现，现在不管男女，拍照都很少不用滤镜不修图，朋友圈的照片几乎看不到素颜。许多人还会用化妆的方法美化自己，没化妆时，就会感觉自己像“赤身露体”一样。老实说，化妆可以让我们看起来更美更有自信，但过于沉迷于美化的自己，未尝不是一些心理的反映。

简单点说，这是对自己的强烈不自信，不愿意面对真正的自己。

以前，我也是属于不化妆就不出门的类型，每天坚持早起半小时就是为了化妆。别人问起，我说这是一种礼貌。但其实自己知道，内心并不自信，觉得化妆了，美丽了，别人看自己就不一样了。电影《画皮》热播期间，我甚至希望自己能有那样的本事，可以画一张脸，出门时直接贴上，不用化妆，漂漂亮亮。

前段时间，曾在网上看过一则新闻，说是一对网恋情人见面后，男孩居然动手打了女孩，女孩一气之下报了警。警察质问男孩为何要打人，而且打的还是女人，结果男孩振振有词地说女孩是一个大骗子。女孩一听，立马激动地反驳说自己并没花男孩一毛钱，怎么就成了大骗子了呢？对此我也觉得奇怪。

这时，男孩唉声叹气地说道：“网上聊天的时候，我看她特别漂亮，就和明星一样，不惜和恋爱了两年的女朋友分手，并约定见面。可谁知我们一见面就忽然下开了雨，我们来不及躲雨挨了淋，结果我发现她的整个妆都花了，眼睛小了很多不说，而且还满脸雀斑，与我已分手的女朋友相比，简直差远了，我越想越气，忍不住和她发生了口角，冲动之下，就动手打人了。”

女孩听完男孩的陈述，委屈万分地说：“我挨了雨淋，妆都花了，我已经很难堪了，他还在一旁说我难看，我能不生气吗？”

听完这一番对话，警察忍不住笑了，我不禁也感慨万千，再翻翻自己的朋友圈，也发了许多化了妆、美颜过的照片，仔细想想自己在发这些照片时，大多都是怀有一种虚荣心，希望那些拍得美美的照片，能够收获一大堆的点赞，获得短暂性的自信和愉悦，同时虚荣心得到满足。偶尔一两次拍照时不化妆、不用美颜，我反而不能接受那个皮肤有些暗黑，鼻尖上还有痘痘的自己。

面对原图里真实的自己与美颜后虚幻的自己，感受肯定完全不同，真实有一种凌厉的清醒，虚幻有一种催眠的自喜，所以大多数人都愿意选择后者。

作家独木舟说：“活得真实，比活得漂亮要紧。”

活得更好的人应该是活得真实，这句话听起来比较费解，不过我也发现，身边有这样一种人，他们虽然穿着普通的衣着，经常素面朝天，可他们反而会散发出夺目的光辉，让人过目难忘。是什么让他们拥有了独特的魅力？是真实，他们远离粉饰的虚伪，坦然接受真实的自己，使他们显得与众不同。

我有一女友，年轻时美得亦仙亦幻，中年气质依旧，但容貌到底平凡下来了。美女一般特别不能接受自己的衰败，她却淡然接受自己一天天变老的事实。在工作之外，她平时不化妆，拍照片从不美颜，不修图，都是纯天然的原图。

“我喜欢素颜的自己，”女友说，“不管是修图还是化妆。或者整容，它当然不是错的，爱美之心人皆有之，谁不希望别人眼里的自己永远青春美丽。但我觉得做这些的前提都是你先接纳你自己本身，不会因为离开那些东西而失去自己。现在的我不再想尽全力去吸引别人，我知道自己的魅力所在，笃信自己的状态很棒，别人爱怎么说，随便。”这勇气如此可嘉，令女友圈粉无数。

“我要做回我自己。”在女友的鼓励下，我也开始正视素颜的自己，并微笑着拍着一张照片，发到了朋友圈。万万没想到，半个小时不到，居然收到了几十条评论和点赞，有一位朋友留言说：“这张照片看上去真实，虽然你的脸上有一些痘痘，但你的状态看起来好极了，无须太在意。”

我开心地笑了，满脸的自信与幸福。素颜，做真实的自己原来如此踏实、安心……现在，除非工作场合我会上个完整的妆之外，平时就是素颜。

爱上自己的素颜并不是一件容易的事情，我的转变来自很多原因：确保每晚至少 7 个小时的睡眠，每天喝至少 5 至 8 杯水，每天晚上慢跑半小时，经常吃新鲜蔬菜和水果，不断提升自己内心的力量等。各个方面多加坚持，整个人的气色和面貌自然就会好起来，即便素颜也能让人眼前一亮。

你的微笑是午夜的玫瑰

前几年，一位同仁写过一本书——《爱笑的人运气不会太差》，获得不少读者的青睐，我也时常推荐给身边的朋友们。

为什么爱笑可以和人的命运联系起来呢？

不少人问过这个问题，我通常会如此回答：这是因为，人的表情所展现出来的东西，往往是其内心所拥有的想法和感受。更准确地说，就是爱笑的人，内心通常是充满自信的，这种自信源自他们对自己的认同和肯定，从而做起事情来更容易达到良好的效果，更容易成为社会上的成功人士。

我们不妨观察一下，身边那些最受人们欢迎的，能够活得更好的人，往往都是爱笑的人。道理很简单，当我们以一张笑脸面对别人的时候，我们流露出来的是一副自信、乐观、快乐的神情，对未来充满希望，让别人看到就赏心悦目，所以任何人都不会去讨厌一个爱笑的人。

读中学的时候，我是班里的学习委员，我总是担心自己成绩不好，经常是一副严肃的表情，以至于不少同学私底下说我班干部“范儿”足。

一年暑假期间，我和家人一起去看小侄女所读幼儿园的一场才艺表演。当年小侄女只有 5 岁，这是她的第一次登台表演，同伴们亦是如此，大家不免都有些紧张。

这是一场舞蹈表演，几个小姑娘穿着统一的白色纱裙，红色的小皮鞋，打扮得十分好看，只是大家看起来一脸严肃，使我感到有一丝不协调，毕竟这是一首欢快的曲子。忽然，最边上的一个小女孩让我眼前一亮：她的嘴角微微扬起一丝微笑！只是一个简单的动作，就足以吸引到观众们的注意力！

我在下面默默地想：是什么使她能在这样紧张的比赛中微笑。很长时间，我才想明白，让她微笑的原因就是自信。这个微笑让我认识到，人要自信地微笑，再自信地做好该做的事。自此，我开始发自内心地微笑，在考试前，我每天都会对着镜子开心地笑几次，心中默念：“我有实力，我能考好。”

毕业几年后，当年的中学同学再看到我，他们都有些不敢置信，因为我已经从一个不苟言笑的“班干部”变成了一个时常将微笑挂在嘴边的女人。直到现在，我也仍旧喜欢微笑，发自内心地微笑。而这，也真的给我带来了好运，让我获得了许多朋友，许多快乐，生活和事业都很美好。

忘了从哪里看到过这样一句话：“让这个世界灿烂的不是阳光，而是微笑。”的确，一个有弧度的嘴角上扬，散发着自信的光芒，流露出无限的欢欣，如此自然能吸引越来越多的人，更容易具备成功的机会。可以说，不管对谁来说，微笑都是美丽的表情，就像午夜盛开的玫瑰，让人舒畅，让人喜爱。

在某些特殊的场合，一个简单的微笑，往往也可以创造奇迹。

在 1977 年的时候，联合航空公司曾创下了一个世界纪录，那就是载运了有史以来数量最多的旅客，总人数达到 35565781 人。联合航空公司对此向世人宣称："我们的天空是一个友善的天空，更是一个充满笑容的天空。"的确如此，他们的笑容不仅仅在天上，在地面也是如此。

有一位小姐前去参加联合航空公司的招聘，她的名字叫珍妮，虽然她学历并不突出，没有过硬的关系，在内部也没有熟人，提前也没有先去打点，充满自信的她完全凭着自己的能力前去应聘。出人意料，珍妮最终被聘用了。大家知道原因是什么吗？很简单，就是因为她总是洋溢着欢乐的笑容。

更让人意想不到的是，在面试的过程中，主考官竟然在讲话时总是有意背对着珍妮。但这并不是主考官不尊重珍妮，而是他在感知珍妮洋溢的微笑，因为珍妮应聘的是接打电话预约、取消、更换或确定飞机班次方面的工作。

那位主考官通过背对珍妮，深刻地体会到了她的笑容，于是，他微笑着对珍妮说："小姐，你被我们公司录取了，你的最大优势就是你洋溢在脸上的微笑，你让我感受到一种友善、热情，希望在日后的工作中，你能好好运用这一优势，让每一位顾客都能从电话中感知到你洋溢着笑容的脸。"

你的脸是为了呈现上帝赐给人类最贵重的礼物——微笑。

如果现在你已经认同了我的观点，那就不要多说，请多多练习微笑吧，只要你愿意随时都可以。比如，你可以穿一件自己喜欢的衣服，有意地自我打扮一番；多和自己说“今天我很开心”“我的微笑很迷人”之类的话，不断对自己进行积极的暗示；想象一些比较开心的事情，像一部电视片一样对自己播放。

切记，真正带有高级感的微笑一定是发自内心的，不卑不亢的，既不是对弱者的愚弄，也不是强者的奉承。这跟贫富、地位、处境等都没有必然联系，而在于你是否具备以下的人格特质：直率善良的气质、容易感到满足、拥有一颗谦虚的心、具有强烈的同情心等。

现在就开始吧！说不定，此刻旁边就有人在悄悄地看着你。

这个世界没有人值得你效仿

一个人最怕失去的是什么？

有人说青春，有人说金钱，有人说名利，有人说权利。

但要我说，一个人最怕失去的是属于自我的个性。

现在，请你静下心来，好好地想一想，是否觉得自己怀才不遇？是否在抱怨自己生不逢时？是否在抱怨没有好机遇降临到自己头上？

如果是这样的话，那么接下来请你继续思考：这一切的不幸，是不是因为自己没有个性，没有特色，太过普通，太过平庸呢？

在这里，分享给大家一则故事：

在日本，有一位男孩特别喜欢书法，当别的小朋友拿着玩具玩耍时，他就开始拿着毛笔苦练书法，先后创造出了不少作品。9岁时他参加日本青少年书法展，其作品充满了鲜明的个性和灵性，一经展出就获得了诸多人的热捧，四幅作品最终以 1400 万日元的高价被人收购，小男孩因此一举成名。当时日本最著名的书法家小田村夫对小男孩的作品也赞叹连连，并预言“这将是日本未来书坛上的一颗璀璨新星”。谁知，几年后这位“小神童”没有成为“璀璨新星”，反而销声匿迹了。

是谁断送了这位天才的前程？小田村夫带着疑问专门前往拜访，在翻看了这位天才书法家后来的作品之后，他不禁仰天长叹。原来随着中日两国文化交流的频繁，东汉书法家王羲之的书法作品东渡日本，王羲之典雅的笔风博得了许多日本人的喜爱，也包括这位男孩。男孩带着仰慕之情开始不断临摹王羲之的书帖，现在他的字与王羲之的比较起来，几乎能够达到以假乱真的水平。当然，他本身的特色被磨得一无所有，他的书法已不再是艺术，而是令人生厌的仿制品。

一个天才因模仿另一个天才而成了庸才，多么令人惋惜。

反观我们的生活，有太多的时候，或许是出于安全感的考虑，也或者是受惰性的影响，我们习惯性地走别人走的路，别人怎么过我们就怎么过，就连言谈举止、说话腔调都要效仿别人。结果呢？自我价值被否定了，又没有过人之处，这正是导致我们出现前面所述的境况和内心感受的根本原因。

所以，如果你一直不出众，没有活得更好，那么不要再将目光放在别人身上，重新审视自己，发现自己并坚持自己，走别人没走过的路。只有这样，我们才可能活出自我的高贵，在众人中脱颖而出。

“不要问我从哪里来，我的故乡在远方。为什么流浪，流浪远方，流浪……”这首《橄榄树》是我非常喜欢的一首歌，而写这首歌的“三毛”也是我非常喜欢的一个作家。有一段时间，我认真阅读了三毛的几本经典著作，也详细了解了她的人生经历，并且从中领悟到了一些之前未知的道理。

小时候，三毛是一个性格执拗、不合群的女孩。当时正值青春年少，身边的许多女孩每天热衷于打扮、逛街，但她却每天捧着不同的书阅读，而且涉及范围极广，包括社会伦理、天文地理、武侠、侦探推理、散文、哲学、杂文、英文经典……在此时期，三毛几乎看遍了市面上的世界名著。也是在此时期，三毛先后跟随顾福生、邵幼轩两位画家习画，培养出自身浓厚的艺术气息。

1964 年，三毛在文化大学就读哲学系时，听到一张西班牙古典吉他唱片，非常感动，于是她休学只身远赴西班牙，进入马德里大学就读。也是在这期间，她因为看到一张美国《国家地理杂志》上的撒哈拉的图片，是她向往中的美丽乐园，于是再次毅然地背起行囊，选择去远方流浪。当时的女性要求贤淑良德、相夫教子，这种行为突破了当时社会和家庭的管制，但三毛却特立独行地要往她的梦想中去，她要到撒哈拉沙漠中寻找生活的真善美，只为了心灵可以自由放飞。

走过万水千山，一生都在流浪。正是这种生活，激发了三毛潜藏的写作才华，写出了《撒哈拉的故事》《梦里花落知多少》《万水千山走遍》等经典作品。

在我看来，三毛是一个非常有魅力的人，而这种魅力不在她的外貌、她的文采，而在于她对生活、生命、事业都有独到的看法，在有限的生命里，执着地做自己想做的事地坚定的坚持走自己的路。于是周身散发出一种超然脱俗的气质，不经意间彰显出独特的高贵，这一点是不是很值得我们学习?

当你艳羡别人的天赋、成功时，当你感到迷茫、困顿时，也许是因为你尚未发现自己的个性，不确定自己到底要追求什么。那么，从现在开始，拿出一张纸来，问问自己："我的个性是怎样的?""我是否有与众不同的地方?""我的天赋是什么?"……把你的答案写下来，多多益善。

当你心中已经有了答案，就不要浪费一分一秒，好好发挥并保持自我的个性吧！相信你会在自己的世界里活出最好的样子。

人生苦短，不必让每个人都喜欢你

一个周末的晚上，好友王萱突然问我：“我是不是很讨人厌？”

听到这话的时候，我十分惊讶。

王萱是一个大高个、女中音、性格开朗的女孩，对人很热情，心地也善良，要说唯一的缺点就是太能干，灯泡可以自己换，墙皮掉了可以自己刷，一个人修电风扇，一个人搬矿泉水……王萱独立坚强不矫情，说话也很幽默，是朋友中的开心果，有她在永远有聊不完的话题。

而最近，因为工作上的意见不合，王萱被同组的女同事骂“男人婆”，“你个男人婆，活该嫁不掉”“身为女人，你活得太失败了”……

王萱深感苦闷之余，向我求助：“为什么我这么努力还是有人不喜欢我？怎样才能让所有人都喜欢我？”

这样的问话，我着实听过不少，有来自身边亲戚朋友的，也有来自我的读者们的。为了帮助这些人，又不致让他们感到懊悔和沮丧，一些“实话”我只能先藏起来，而说一些能够让他们听起来舒服又可以尽快帮他们改变的话。比如，我心里想的是：“你又不是人民币，凭什么要让人人都喜欢你。”但我嘴巴上只能说：“你所做的一切，不可能让每个人都满意，只需尽心尽力就好。”

为了让以上观点更有说服性，接下来，我通常还会讲一则夫妻骑驴的故事。

一对夫妻要去城里赶集，为了省脚力，俩人同坐在一匹毛驴上。这时，路过的人指指点点：“那么小的毛驴，两个人也忍心一起坐，多狠的人。”

夫妻二人听到，惭愧万分，丈夫赶忙从驴上跳下来，让妻子继续坐在驴上赶路。不一会儿，又有人说：“快看，这男人真窝囊，在家肯定是个‘妻管严’。”

妻子听了，脸红了，跳下来，让丈夫上去坐。又走了一段路，这时又有人说：“这男人太不像话，居然让女人牵驴。”

这也不行，那也不对。夫妻俩干脆谁也不骑了，两人一起牵着驴走路。可结果呢？路人指指点点得更厉害了：“明明有一头驴子，可谁也不骑，这俩人真够傻的。”

我之所以讲这个故事，是想告诉大家：每个人的利益是不一致的，每个人的立场，每个人的主观感受也是不同的，对于同一件事情，不同的人会有不同的看法。无论你怎样做，即使做得再完美，你都不可能让所有的人都满意，仍然会有人看不惯你的言行，仍然会有很多不利于你的传言。

所以，不要企图让所有的人都满意你，否则你将永远也得不到快乐。

一个人的价值并非取决于别人的评价，而完全取决于自己的态度，也就是你怎么看待自己，评价自己。当我们说了一些话，或者做了一件事情以后，我们内心会对自己有一个审视和评判，这就是自我认知和评价。人贵有自知之明，唯有你认识、了解自己，心才会渐渐显现高贵的底色。

何况，凡事都是相对的。这个世界既然存在喜欢你的人，也就必定存在不喜欢你的人。你最不需要在乎的就是后者对你的评价，毕竟他们也从不负责你的人生。

我的大学同学菲菲，一直是我羡慕的对象，也是我心目中的女神。她学习优秀，能力出众，长得也很漂亮，更重要的是她的男友是我们系里长得最帅的一位学长，两人感情十分好。毕业的时候，我本以为很快就能收到他们的喜帖，但没想到毕业短短一年后，突然听到两人分手的消息。分手原因是学长移情别恋，他嫌弃菲菲不够成熟，出身农村，家庭条件一般，没有好的社会资源。

据我所知，菲菲对这份感情投入了很多，我本以为她的情况会很差，也十分担心她会因为这段恋情走不出来，却没有想到菲菲的情况比我想得好很多："我知道你担心我，但是我已经走出来了。说实话，一开始我十分崩溃，总觉得都是因为自己这么差，才让他枉顾三年的感情提出分手。"

我刚想要反驳菲菲，想告诉她是我心中的女神，菲菲就发过来下面这样一段话："但是后来我想通了，既然他不喜欢我，那我也没有办法勉强他继续喜欢我。反正他不愿意爱我了，世界上总有人愿意爱我。后来，我开始寻找自己身上的优点，我有上进心，我能吃苦耐劳，我确定自己并不差。”

我明白，菲菲是真的走出这段伤害了，她依然是那个耀眼明媚的女神。

记住，世界那么大，每个人的价值标准都不同，喜欢的类型也都不一样。人生苦短，不必让每个人都喜欢你。做好自己，无愧于心，无愧于己，便好。而真正欣赏你的人，永远欣赏的是你骄傲的样子。

No.2 永远不要去追一匹马 用追马的时间来种草

不要去追一匹马，用追马的时间种草。想要成就更好的自己，总要有一两件拿得出手的本领。当你足够优秀，所有想要的一切都会主动靠过来。

没有话语权，是因为你根本无足轻重

采薇是我的一个小学妹，今年刚刚在一家商贸公司上班。由于刚刚毕业不久，采薇在业务上还是一个“小白”， 一开始业绩也是垫底的，是最不起眼的那一个。凡是公司的活动和会议，或大或小，似乎都和她没有半点关系，因为没有人会问她的想法和意见。但是好在采薇很有上进心，部门开会时她总是积极地发表意见，但是不管说什么事情，即便她的话很合理，也几乎没有人愿意听。但是同样的方法、同样的话语，从上司嘴里发出，大家连声附和不说，还会大赞。

一次工作上的安排，经理让采薇接手了一个超负荷的工作，并让她做出三天之内完成的承诺。采薇刚要驳回，就被经理当着所有同事的面，训斥得体无完肤，于是她找我哭诉：“学姐，我厌恶极了别人的吆五喝六，也厌恶极了那些趾高气扬的嘴脸。为什么同样的方法，我提出来，别人就不认可，换个人说，大家都乐于接受呢？为什么我的存在感这么弱？我实在是干不下去了。”

采薇的遭遇很值得同情，在初入职场的那几年，我也曾为这样的遭遇而苦恼，直到工作多年，自己也当了领导，才明白现实就是如此。要想在自己的领域享有一席之地，背后必须付出足够的努力，因为游戏规则永远是少数人控制的，你不够强大，连参加游戏的资格都没有，更别说话语权。

思考了一会儿，我由衷地安慰采薇说：“在这个世界上，实力永远是最硬的底牌。一个人如果没有过硬的实力，就不要说别人忽视你。即使你说的句句是真理，也没有人把你当一棵葱，这是很正常的事情。而当你拥有了足够的实力时，你所说的很平常的一句话，别人也会奉为经典。”

看到这里，有人是不是要问，什么是话语权？所谓话语权，其实就是说话和发言的资格和权力，就是你说的话有没有分量，有没有人听。

一些人，尤其是刚入职的年轻人，经常抱怨自己没有话语权，抱怨自己活得卑微，不受重视。但正如我和采薇所说的，这一切都是因为你根本无足轻重，也就是你自身的实力不够。你没有实力，别人凭什么听你的、高看你。而要想改变这一切，你必须把自己变得更好，更优秀，这才是关键。

这一点，我们从自然界也可以看出。

狼是一种群居性极高的物种，一群狼的数量大约在 5 到 12 只之间，各个小团体中都会有一个狼王。所有狼都得听从狼王号令，整只队伍的行进步骤都是它在控制。狼王在族群里处于顶层，可以拥有最好的巢穴，优先获得交配权，猎物也优先选择和食用。而狼王的选拔是非常残酷的，身强力壮的公狼彼此争斗，直到有一头公狼打败其他的所有公狼时，王位选拔也就告一段落了。

每个人都会受到各种各样的压力与不堪，不管我们遭遇了什么，都不要忘记去强大自己。只有有一天我们足够强大，“人”才不至于卑微，“语”才不至于浮轻，可以高姿态地站在人前，才有底气去管理和控制整个局面。

大学三年级，我在一家杂志社实习，当时带我的前辈是M女士。凡是M女士主管的稿件，她都要求质量一定要上乘，所以上交给她的稿件，一般都会被要求反反复复修改很多次。当有的同事提交的稿件质量不佳时，M女士从来都是当面训斥，不留情面，每次发飙总免不了一场狂风暴雨……奇怪的是，我们很少有人记恨或是不服气，相反从心里我们都将她的批评当作一种可贵的指点。

有时总编为了经济效益会提倡快速出稿，但在M女士这里却是例外，他从不催稿，而是给了M女士自主安排的权利。因为，M女士曾强调说：“我们不应该只埋头于案头工作，更应该有发声的权利。写东西一定要对读者负责，要拿出无愧于时代的作品。”就这样，M女士总会反复比较、挑选选题，版式设计也会三番五次地调整，而最终的结果证明，她所抓的一些选题，无论是原创还是引进的作品，无论是内容质量还是装帧质量，都上了一个新台阶，现在都还是非常好的产品，被业内所瞩目。

这样一位最努力，同时业务水平最高的领导，我们对她的尊重乃至崇拜绝不是因为她的严苛，也不仅仅因为她的职场身份，而是因为她的实力比我们强太多；总编之所以会给予 M 女士更多的权利，会听取她的建议和意见，也正是因为她具备足够的实力，她的话语权在领导那里够分量。

实力，这是你与人抗衡的话语权，没有底气的愤怒毫无好处。因此，当没有足够的话语权时，你最好先做好自己手头的工作，把自己一步步做大做强，而不要急着要什么话语权。

读书是最廉价的高贵

在一篇文章里，作家杨熹文提及这样一个故事：

一次家里举办家庭聚会，期间，一位长辈劝正读高中的表妹要好好读书，谁知表妹却说："学习有什么用？我的高中同学辍学后在一家餐馆工作，现在已经当上了经理，每个月工资五千块，这比考个好大学有用多了。"

这一番话令在场所有人哑口无言，这时这位长辈回答道："读书非常有用，最直接的用途就是让你有机会改写超出五千块那部分人的命运。"

这句话说得多好！每当看到身边正值美好年华的孩子荒废学业，甚至怀疑读书的意义和价值时，我就无比悲哀。当然，现实中不否认有个别不读书也能活得很好的人，但那些毕竟只是少数，大多数不好好读书的人最后都会从事一些低端的体力劳动，流入社会底层，过着廉价的生活。

我的一位朋友在温州的一家鞋厂做人力资源，她几乎每天都在跟一线工人打交道，她曾告诉我，所有的工厂都差不多，稍微带点技术含量，相对轻松一些的工作都要求最低大专以上的学历。而绝大多数读书不太好的孩子，可以选择的工作太少太少，基本是做各类学徒，进到服务行业做服务员、保安，或者进服装厂、食品厂、电子类厂房从事枯燥又劳累的体力劳动。这些年轻的男孩或女孩，每天工作时间都差不多在 10 个小时以上，一个月能休息 4 天的都不多，请假的话会被扣全勤和工分。赶上旺季和大的订单，一个月能休息 2 天就万幸了。可是这些年轻人即便是再辛苦再努力，一个月的收入也仅仅有 3000—5000 元。养老、医疗等保险只有少部分人才能享有，而提拔、晋升、培训基本不用想，做几年能当上小主管就已经很不错了。

那次聊起这些年轻人时，朋友无比感慨地说："我当初上学时也曾不喜欢学习，甚至逃过课，但好在及时悔悟，成绩没有落后太多，而最终考入了一所还可以的大学。毕业后，我一开始只是办公室的文员，经常被领导安排做些琐碎的工作，在老板的呵斥下小心翼翼，独自咽下委屈……后来，我一边参加工作，一边进修考试，先后拿到了人力资源管理师、企业培训师等证书，我不用再做那个手忙脚乱的小文员了，开始成为运筹帷幄的人物。现在回想起来我都有些后怕，如果当初我不好好读书，若那些日子里没有知识的填补，我无法想象现在的自己会在过怎样的人生。"

这，就是读书所给予我们的超越 5000 元的命运。

平时经常运动与完全不运动的人，隔一两天看没有什么区别；隔一两个月看，差异有，但不明显；但是隔一两年看，就会在身体和精神状态上表现出巨大差别。

读书亦然，一个读书者与一个不读书者，短期看并没有什么区别，但日积月累就会呈现出天壤之别。或者更准确地说，读书不是目的，而是一个潜移默化的过程，通过读书，我们可以学到丰富的书本知识，充实自己的思想和灵魂，还能提高自我的层次，进而让生活能有更多的选择。

俗话说“腹有书香气自华”，读书是最廉价的高贵行为。不管你出身寒门，还是富甲贵胄，都有一条公平的路摆在面前，那就是读书。常与书为伴的人，从内至外自有一种迷人的气质，并且会随岁月的流逝变得愈发醇厚。他们在为人处世上也会显得从容、得体，一眼就能从人群中分辨出来。

有这样一段精彩且经典的对话，我深以为然。

学生问：“我读过很多书，但后来大部分都忘记了，这样的阅读究竟有什么意义？”

老师答：“当我还是一个孩子时，我吃过很多食物，现在已经记不起来吃过什么了。但可以肯定的是，它们中的一部分已经长成我的骨头和肉。”

读过的书如同吃过的饭，吃过饭了还是会饿，读过的书还是会忘，但其实它们早已融进骨血，变成了身体里的一部分。所以，你要想活出一种高级感，想赢得更多人的认可和欣赏，就要多多读书，让书的精华提升你的性格、思想、内涵、素质、修养，真正由内而外得到改变。

静娴人如其名，脸上一直带着温婉的笑容，娴静有礼，万般风情。她具有渊博的知识，理性的谈吐，那份睿智与从容，豁达与优雅，使见到她的人都会深深着迷，而这种着迷无关容貌和衣着，仅仅是她全身散发出的那种气质。静娴的秘诀就是读书，她认为，真正的高贵源自内在的一种精神。

我一直很好奇，静娴的这种魅力究竟从何而来，直到有机会前往她家拜访才有了答案。

走进静娴的家里，除了桌椅几件必需的家具外，入眼之处都是一摞摞的书。闲暇时间，静娴喜欢读一些唐诗宋词、古今中外优美的散文，在轻松悠闲的阅读中修身养性。“读书已经成为我生活中必不可少的一部分”，静娴坦言，“我看书的时候喜欢独立安静地思考，思考得多了，便拥有了宽广的视野，体会到了丰富的情感，提高了看待生活的境界，这让我能自如地处理各种问题。”

这句话貌似云淡风轻，实则意味深长。源于此，在教育女儿的过程中，我一直给她灌输那样一种思想：读书是过上更好生活的重要途径。

愿我们都能在读书的路上变得越来越美好，活得越来越尊贵。

如果羡慕有用的话，还用努力干嘛

某个夜晚我正在赶稿，手机屏幕突然亮起，微信上收到了新消息。

消息来自堂妹林子，林子大学毕业近一年，工作换了四五份不说，最近又闹着离职。我惊讶于林子换工作的频繁，她却抱怨自己一直遇不到好工作。

“你想要的工作是什么样的？”我问。

林子用语音回答：“姐姐，我羡慕你的工作。每天坐在电脑前敲敲字就能挣钱，不用风吹日晒，拿着让人眼红的薪水，还可以经常出去旅游……”

听着林子滔滔不绝地描述，我终于明白了事情的真相。

像林子一样的年轻人，我遇到的并不少。他们总是羡慕别人的光鲜亮丽，羡慕别人高不可攀的家世，羡慕别人的金钱和资源。我想说的是，羡慕是无用的，如果羡慕有用的话，还用努力干吗？

羡慕并不能让你提升半分，一个成熟的人应在接受现实的基础上，思考自己该如何改变，如何提升去实现目标。

比如我自己，以前在学校里我也有一些羡慕嫉妒的对象，例如一位万人追逐的校花。该校花长得十分漂亮不说，中文底子也特别好，是可以填古诗词的人，是当年我觉得高高在上，无法企及的人。这份羡慕一直埋藏在我心里，后来我把它从内心去除了，与其羡慕，还不如奋斗。于是，我开始每天泡图书馆，我先从自己最喜欢看的书籍入手，再读一些经典的或者深奥的书。与此同时，我基本每天会花一个小时练习写文章，半年后我开始发表作品，慢慢地在学校小有名气。

大学毕业后，我选择了一家图书文化公司，从一名小编辑开始做起。侍弄文字是一件很枯燥的事情，而要想做好编辑工作，不仅要和作者沟通好，还要涉猎方方面面的知识。为此，那段时间我在单位积极地向前辈求教编辑经验，工作之余则坚持阅读国内外的名著，还记载和摘抄下那些比较有价值的话语。有时在生活中有了一些体会，那么我也会立即记录下来。我明白，一定要坚持写作，当积累得够多了，便能写下所想要的东西了。那段时间，我从没有半夜三点之前睡过觉，几乎日日在豆瓣上更新文章，每篇都三千多字，一年后我终于出版了属于自己的第一本纸质书籍。

而现在，经过几年的努力和打拼，我不仅踏上了文学这条道路，而且可以完全靠写作来谋生，也已经成为众人羡慕的对象。

你看，光鲜的背后是一个个彻夜不眠的夜晚和永不放弃的勤奋。所以不要羡慕任何人，每当你想要羡慕的时候还不如踏踏实实地努力做好自己，一步一步去完成自己心中所想来得实在。当有一天你曾所憧憬的遥不可及的一切变成了真真切切的现实，你定会为自己感到自豪和满足。

这个世界上根本就没有不劳而获的收益，哪怕是掉在地上的一分钱，如果你不弯下腰去捡，你也没办法得到它，这是一个十分简单的道理。

当你羡慕别人博古通今时，你应该关掉综艺节目，多多学习才是。

当你羡慕别人身材挺秀时，你应该戒掉“北京瘫”，坚持锻炼才是。

当你羡慕别人精神饱满时，你应该远离一切颓废，打起精神才是。

无论是身材、财富、事业还是自由，那些对别人的羡慕，应该化为动力，只有通过不懈的努力和坚持，我们才能获得羡慕的一切。

为了让林子更清楚地认识这一问题，接下来我向她推荐了哈利默的故事。

哈利默出生在非洲一个清贫而寒苦的家庭，和当地许多男孩子一样他是一名体育爱好者，但父亲仅靠菲薄的薪水支撑家庭，无力负担训练费用，只好亲自在家附近的一块空地上训练他。哈利默没有羡慕别人可以拥有专业的训练老师，没有羡慕别人拥有专业的训练基地，每天的生活，只围绕着跑步这一件事。

日子过得十分拮据，别人都劝哈利默和父亲：“不是每个人都能通过跑步赚钱的，何必为了跑步过得这样穷苦。”但这一对父子从来都视而不见。8 年的时间，哈利默的长跑速度有了惊人的长进，他一路过关斩将，先是夺得非洲长跑冠军，后又在世界锦标赛上夺冠，成为了整个非洲的全民偶像，励志典型。

在获奖台上，别人问及成功的秘诀。哈利默说：“这些年，我和父亲从来没有谈论过别人的生活，更不会羡慕别人的优越生活。只是做到过好自己，一心一意追求自己的梦想。”

瞧，真正努力和优秀的人，时间都花在提升自己上，哪里还有工夫去羡慕别人的生活。

与其临渊羡鱼，不如退而结网。与其羡慕别人，不如努力过好自己的生活。往你想要的方向去努力，一步一个脚印，踏踏实实地努力，时间终会给你回报，让你成为一个闪闪发光的人。如果你依然郁郁不得志，依然平庸无奇，一定是因为你的努力不够，那就再努力一点，再努力一点。

幸运，从来都是强者的谦辞

如果有人问我，成功的秘诀是什么？

一般我会这样回答："可能是我运气比较好吧。"

"可能是我运气比较好吧。"这句话并不是我发明的。

第一次听到这句话，是我还在做助教的时候。那时候我刚参加工作不久，艾老师是北京一个非常出色的创业者，也是行业内小有名气的人物。艾老师不到 170 厘米的身高，并不突出的长相，在平常的生活中，是一个极容易被忽略的人。但他总是光鲜亮丽地出现在各种演讲舞台上，他的课程幽默风趣，他的讲解深刻睿智，深受诸多人的喜爱和欢迎，走到哪里都会获得掌声和鲜花。

每当外人称颂这些经历时，艾老师总会低调地说："可能是我运气比较好吧。"

当初，我是抱着沾沾"好运"的心态去应聘的。顺利成为艾老师的助教，并真正一起工作了以后我才发现，他并不是像"运气"

太好的人。他每天只睡五六个小时，每次备课他会反复修改，字斟句酌，他还坚持每天看一小时的书籍，不断丰富自身知识和见识。而且，他的记忆力也不是很好。

当年，一家外企计划邀请艾老师做一场内部员工培训，但需要会谈之后才能定夺。“如果跟这家外企能够达成合作，我们公司的业务范围将大大拓展。”艾老师兴奋地说。之后一个月整个团队都十分紧张地准备着这次会谈，但艾老师看起来还是一副镇定自若的样子，整天埋头在办公室里工作。

这家外企前来会谈的是一位主管，英国人，不会讲普通话，也听不懂普通话，我有些担心，因为艾老师很少用英语交流。但经过一下午的会谈，合作出乎意料地成功。在送走客人的路上，我迫不及待地追问艾老师会谈成功的原因。看着他胸有成竹的样子，我抢先说道：“这次，一定不是运气好的原因。”

“小姑娘，看来你进步了。”艾老师一边大笑着回答，一边递给我一叠资料。

资料全部是英文的，第一本是关于客户公司一些产品在国内的销售情况。第二本是这家企业主管的个人资料，里面记录着客人的日常生活、爱好、饮食习惯等内容。第三本是一份详细的路线图和会面行程图，内容包括我们接客人的位置、安排的酒店、从机场到酒店的距离及所需时间等。得知客户喜欢跑步和湘菜，文中还推荐了酒店附近好吃的湘菜饭店以及极佳的跑步地点。

看到这份详细且充满诚意的资料时，我心想，换作我是这位主管，也一定会跟艾老师合作。我跟艾老师说出了我的想法，他笑而不语。

不过，我还是很好奇这次“成功”的合作是如何达成的。艾老师跟我说，这些资料都是在他平时收集来的。在两年前，他认识这家公司时，就开始认真研究他们了。

“那您流利的英语又是怎么回事？”我准备一个个解开自己的疑问。

“当年我刚开始工作时，这个城市外贸事业发展迅速，培训市场也是很广阔的，但是由于我英语口语很烂，所以一直没和这些外企合作过。于是，我在空余时间经常学习英语，免费去做翻译，跟外国人交流等。”

“原来如此。”

“这些年来，我经常被人夸奖说在台上可以自如地谈笑风生，而且随机应变能力也强，总能游刃有余地应对各种问题，这些良好表现似乎都是因为我运气好，其实大家搞错了。”艾老师继续说道，“我的应变能力差极了，也经常丢三落四。我之所以‘显得’游刃有余，是因为之前作过太多准备。”

的确，据我观察，在做任何一个讲演时，艾老师都会花费很多时间认真考虑每个观点、每个事例，甚至每个句子引发什么样的理解和反应，然后逐一制订相应的说辞和对策。他在讲台上说的每一句，PPT 里的每一个字，都是练过上百次的。经过千百次的练习，才有了从容自在的分寸拿捏。

这个世界没有绝对的天才，很多看起来毫不费力就成功的人，其实都付出了艰辛的努力。当我们被他们的光芒所吸引的时候，却不知道背后有多少默默无闻的点灯熬夜。他们就像天鹅在水上轻松尊贵地游着，其实他们的脚此时藏在别人看不到的水下，从不抱怨，全力运动，一直向前。

有句话说得特别好：幸运，从来都是强者的谦辞。

真的，这个世界就是这样：你只有很努力，才能看起来毫不费力；也只有很努力，才接得住丁点幸运，活得比别人更好。

“我可能是运气比较好吧！”

当下次有人跟你这样说时，你一定要相信这是真的。

谁能做到无可替代，谁就是王者

职场中，你方唱罢我登场，来来去去是很常见的现象。通过这些年的观察，我发现一种现象，每次单位需要人员调整时，总有那么一两个人被不停地调来调去，就像我曾经的一位同事阿艾。一起进单位的同事，有的成为业务骨干，有的成为部门主管，只有她还在原地踏步，而且一年先先后后被调整了五次岗位。“为什么领导这样对待我？我就这么惹人嫌？”阿艾悲哀地发问。

我一开始很同情阿艾的遭遇，但共事几天后，我明白了其中原委，觉得这是她自身所致。

阿艾虽不是名校毕业，但好在比较勤奋，也很热情，经常帮着同事们做些打印、传真等工作，给我的印象还不错。但相处几天之后，我发现她的写作水平平平无奇，审稿水平也很一般，有时我们征求一些建议或意见时，她也提不出出色的点子……总之，几乎看不出她相比其他同事有什么过人之处。换句话说，对于我们而言有她没她其实都大同小异，毕竟想挤入公司的人那么多。

没几天，部门来了一个实习生小芬，小芬虽然写作能力也有待提高，但她的审稿水平很不错，经常能帮我们找出稿件中不易察觉的错别字，而且还经常提供一些比较新颖的创意。当时正好单位有一个新项目需要从各部门抽调一部分人，我们部门领导“顺水推舟”，让阿艾去了新的项目部。

我们为什么宁愿留下实习生小芬，也不愿意留下“老员工”阿艾呢？因为阿艾就是工作中典型的“可有可无”那类，各方面能力平平，只能被调来调去，又因为不断调整岗位，想深入了解一项工作难上加难，所以一个新来的实习生都可以轻而易举地取代她，加薪无望，升职更无望。

著名主持人白岩松说过这样一段话：“一个人的价值、社会地位，和他的不可替代性成正比。”也就是说，一个人在所在域内，越是无可替代，收入就越高，社会地位也越高。相反，一个人如果在所在领域内，可有可无，无足轻重，那么他的收入肯定就会很低，社会地位也就无从谈起。

细细想来，确实有道理。有人总是抱怨自己明明做了很多工作，可是收入却不高，一到裁员自己总会率先中枪，而升职加薪的机会总不落到自己头上。说到底，这其实就是因为老板并不是非你不可。也许你是个好员工，但绝不是那个可以委以重任独当一面的好苗子，你太过平凡、太过普通，在组织中是一个可有可无的存在，随时都有可能被招聘的新人所取代，可利用价值并不高。

所以，我们必须通过自己的努力，成为行业里不可替代的那个人。不可替代性，永远是最好的筹码。虽然这种不可替代不是绝对的，但至少应做到拥有一些核心竞争力的技能，如果老板想培养一个人选或者另外找人替代你，将需要出更高的时间成本和经济成本，那么你就是那个最具价值的最佳人选。

在给艾老师做助教的时候，一位女同事是公司的文案，她学历不高，经验也匮乏，但做 PPT 的水平很高。艾老师每次做培训都会带上她，而且她敢任性地和艾老师“叫板”，几次和艾老师提交了加薪要求，艾老师都满足她，令她在中同事面前风光无限。一开始我们一些同事有些不服气，难道就因为她 PPT 页面做得好就要如此?

对此，我记得艾老师说过这样一段话:“她做 PPT 的水平很高，每次去企业做培训客户都很满意，这就是她的资本，高人一等的资本。你们认为 PPT 没难度是吧？那你们为什么不分分钟做得比她好？你们以为做 PPT 只是无聊的展示材料，这里面需要多少对业务的深入理解，清晰的逻辑思维，高素质的审美，不然我们为什么动辄雇 MBB 花上千万搞个项目？她的作用如此重要，不是随随便便就可以被替代的。为了要留住她这个人才，我自然会满足她的加薪要求。”

扪心自问，你现在从事的工作不可替代性强不强?

如果你的工作是随随便便就可以被别人替换掉，那么公司损失你一名普普通通的员工没有什么可惜的。但公司绝对不敢轻而易举赶走一名高管或者公司核心技术人员，而且你自身的不可替代性越强，你和你老板的议价权就越大，你的收入基本上也就越高，这个世界就是这么现实。

毕业之后我的第一份工作是图书编辑，虽然每天很努力、很忙碌，每天都有做不完的工作，还经常周末的时候加班，即使这样拼，我却只拿着一个月两千多元的薪水，而且我甚至不敢和老板提加薪的要求，因为当时的我没有卓越的能力，没有丰富的经验，老板肯给我一个“饭碗”就已经不错了。

后来随着能力的提升，以及自身的努力，我一步步做到了部门主任的职位，我的价值也在不断提升，比如我和几家出版社编辑的合作非常愉快，如此，所在岗位的不可替代性也越来越高，薪水也越来越高。终于体会到，一个人的职位、薪水等，是与工作的不可替代性紧密联系在一起的。

所以，不论做什么样的工作，努力和勤奋固然是一个方面，但想要真正做到很出色，任意地纵横驰骋，你就必须发挥自身与众不同的独特优势，要有真才实学，有过硬的专业技术和独到的见解，提高自身的不可替代性。时刻记住，在这个现实的时代里，谁能做到无可替代，谁就是王者。

把自己照顾好了，才会一直吸引好的人

一个人的幸福与不幸，通常被认为是命运。

然而，人生全靠命运吗？当然不是，很多时候，一切全在于你是一个怎样的人。

我之所以得出这一结论，源自一部电影——《倒霉爱神》所获的启迪。

女主人艾什莉好比上帝的宠儿，要风得风，要雨得雨，始终受着生活的眷顾。毕业后她不费周折就在一家知名的公司做了项目经理；随便买一张彩票就能够中头奖；在繁忙的纽约街头想要搭计程车，很快就有好几辆车都向她驶来……她的生活和工作，可谓是一路畅通，惬意而幸运得让人嫉妒。

男主人杰克好比世上的“天煞霉星”，有他出现的地方就有霉运。有他在的那片天空，忽然间就会下雨；新买的裤子看上去好好的，可一穿就断线；工作上他更没有艾什莉那么幸运，他不

过是一家保龄球馆的厕所清洁员；更倒霉的是，医院、警察局、中毒急救中心，是他经常光顾的地方。

看到这些零碎的片段时，我不禁哑然失笑，同时也忍不住思考：同样生活在一起的两个人，怎么有人幸运，有人倒霉，而且差别还这么大？后来我再返回电影本身，发现——艾什莉积极向上，热情开朗，内心充满着对美好和快乐的向往，做事认真又负责，因而她的人生越来越好。反观杰克，他有时无所事事，有时得过且过，明明对自己的人生不满意，却日复一日，看似自由，其实很闷。于是，正如他所想的那样，倒霉的事真的接二连三地来了，而且想甩都甩不掉！

幸福并不遥远，无须跋山涉水。你让自己成为一盆鲜花，自然就能吸引优雅的蝴蝶；你让自己成为一盘酸腐的菜，当然只会吸引怄人的苍蝇。别一味地抱怨自己的命运不好，也别抱怨自己遇人不淑，这些都是没有用的，因为每个人都渴望和美好的人在一起，不想和灰涩负面的人生扯上关系。

所以，只有把自己照顾好了，才会一直吸引好的人，好的事。

每每提到这一个观点时，我都很喜欢跟大家提及韩枚的故事。

韩枚是我的同事，22岁大学毕业时，她就开始遭到父母的催婚，亲朋好友们给介绍了不少相亲对象，但高不成低不就，至今33岁了，她依然是单身贵族。身边的同龄人都已经当上妈了，她被众人叫“剩女”，就连父母也催说，或许可以考虑找个二婚，但韩枚从未因此发过愁：“着急什么？谁规定的30岁之前就得结婚，我有能力过自己想要的生活。我不会选择一个不爱的人，为了结婚而结婚。我要好好对待自己，努力充实自己，以最美的姿态，期待那个对的人的出现。”

韩枚是这么想的，也是这么做的。当别的女人忙着出入成双约会的时候，她踏上了自己喜欢的写作之路，坚持每天写一两段文字，记录生活的点点滴滴和心情的起伏。空闲的日子里，她会在厨房做一顿自己最爱的饭菜，在房间里看一场喜欢的电影，有时跑到展览馆去看画展……为了保持良好的体态，她每周上 3 次健身房，有时跳跳健美操，有时做瑜伽……就这样，默默努力奋斗了 8 年，韩枚现在已是年薪 50 万的编辑主任，住着 200 平的大房子，开着几十万的车，而且她优雅清高，品位不俗，平时喜欢做甜点。办公室的下午茶时间，几乎就是她的甜品专场。大伙一边吃一边啧啧称叹，她在一旁眯着眼，微微笑。那一刻，你会由衷觉得，这样的女人真美。

事实证明，把自己顾得好好的，就会一直吸引好的人。前段时间韩枚风光大嫁，羡煞旁人。她的先生长她 2 岁，是一位小有名气的画家，他们在一次画展上相识。当时，韩枚和对方正在欣赏一幅世界名画，因为挨得很近，简单聊了几句，居然发现两个人很是投缘，之后的发展水到渠成。

扪心自问下，现在的你是什么样的？你的好、你的坏，是什么样的？如果你是别人，你会和自己恋爱吗？为什么会，为什么不会？如果不会，那你该怎么办呢？……想要遇见什么样的命运，首先得看此刻的你是什么样的状态。如果连你也讨厌现在的自己，那说明是时候该作出改变了。

让自己活出想要的样子，做喜欢的事，爱倾心的人，才不算枉过一生。

No. 3 活得更好的人
最大的底牌就两个字：自律

人之所以为人，就在于，人不是被欲望主宰，而是自我主宰。所谓自我主宰，就是掌控自己生活的能力，这种自律恰恰能够为我们换来更好的选择权和自主权。

要么瘦！要么死！

“一个人连自己的体重都控制不了,还怎么控制自己的人生？”

几年前，如果有人给我看这句话，我保证会轻蔑一笑，一脸不屑。因为那时候我还是一个瘦子，喜欢的东西想吃就吃，想吃多少吃多少，吃饱了还能再吃两口，从来不刻意去保持身材，但是体重却没有大变化，有时候甚至不胖反瘦。一度，我以为自己天生就是个怎么吃都吃不胖的人。

结婚生子，就像我和我过去体重的分水岭，那些肥肉肆无忌惮地在我身上生长，硬生生将我变成一个 140 斤的大胖子，以至于身边好多人都问我：“你怎么胖成这样？”胖子的人生就是肥腻的苍白，我也曾大喊着减肥口号，但一次次遭遇失败。因为管住嘴、迈开腿说说简单，但是每天坚持跑半小时的步真的很难、面对各种美食管住嘴巴真的很难、晚上肚子饿了不吃夜宵真的很难……

对于我来说，减肥变成了一个跨世纪的大难题，直到偶然看到了一期电视节目。在这档节目中，记者采访了著名舞蹈家杨丽萍。杨丽萍是我很喜欢的一位舞蹈家，第一次看到她跳的《雀之恋》时，我简直惊了，太美了，更难得的是她本人身材纤细，从内到外散发着一股超脱的气质。“您是如何保持身材的？”记者问，随后杨丽萍道出了自己的食谱：“早上 9 时喝一杯盐水；9 时至 12 时喝三杯普洱茶；中午 12 时午餐，一小盒牛肉、一杯鸡汤和几个小苹果；晚餐两个小苹果和一片牛肉。”这是她一天的食量，并且是在高强度、不间断的舞蹈训练时所食用的全部东西。

通过后面的介绍，我得知，20 多年来杨丽萍坚持不吃米饭，因为她认为碳水化合物较难消化。只要有演出，之前她肯定不吃东西，不喝水，理由是：“人只要一吃饭一喝水，不管多瘦，胃就会鼓出来，不好看。”尽管吃得如此少，但杨丽萍却比较注重运动，除了每天练习三四个小时的舞蹈之外，她至少会做小腿伸展运动 10 分钟，走路或站立 2 小时，每周至少做 3 次有氧运动。

记者关切地问：“会不会饿？”

杨丽萍笑着答：“热量已经够了。你看我还不是照样跳舞，从没有倒在台上。”

看到此话，一个词跃然而出：自律。

杨丽萍已经通过理智的分析，把自律意识融入自己的血液了，无论是控制饮食，还是坚持运动，她自然而然地照做。而做到了这样的自律，任何人都不会长胖。所以，杨丽萍哪怕年近六十，依然青春、美丽、清瘦，有仙姿，有灵气，仿佛被时光定格一般，这种美不可复制，不可亵渎。

很多人明知道许多人生大道理，却依然过不好这一生；很多人明知道正确的减肥方法，却依然很胖。那些天天喊着肥却仍然迈不开腿，管不住嘴的人，和天天抱怨自己穷却丝毫不付出努力的人是一样的。这一切，其实都是咎由自取的胖。所以，如今“胖”这个难题，无非是我不自律罢了。

明白了这一点后，我开始把自律变成一种生活常态。减肥离不开合理饮食和运动，饮食上，只要减肥大忌的东西一律不吃，像巧克力、面包、饼干、蛋糕、咖啡等一概不吃，以前爱吃的炸鸡、卤猪蹄一概放弃。而且，我每餐都不会吃得很饱，吃完要有一种没有满足的感觉，也就是七成饱。当然，我现在一周至少5天会跑步，每天达到3公里，大约4500步，还坚持做30个仰卧起坐。

身体带给我的回报是什么呢？我用了三个月的时间减了20斤，这就是自律带来的结果。当我慢慢习惯这种自律的生活之后，发现自己不再纠结于身材，不再愁眉苦脸，整个人的精神状态焕然一新。面对其他事情的时候也会变得充满能量，比以往更加有信心，因为我相信只要自律就能做到。

有人说过：“要么瘦，要么死！”这句话听起来有些残忍，但道理却不假。

在减肥的背后，其实隐藏着你的人生态度，你的不妥协，你的意志力。没有毅力，三天打鱼两天晒网，这是很多人的常态。薄弱的意志力，是人性的弱点。但当你对美好身材的渴望足够强烈，能自律地要求自己，并坚持不懈时，你就控制住了自身的欲望，克服了自身的弱点，战胜了自身的意志。

借着身材的力量，生发出自信，通往美好，活得更好，岂不美哉!

在别人不屑一顾的地方默默努力

小雅是我的一个远方侄女，90后生人，本科学历，先后在翻译公司、广告公司、摄影机构等任职，每份工作刚开始时，她都会在朋友圈发照片，各种单位培训的场景，各种办公室自拍，看起来对新单位很满意，但往往做几天就开始在亲友群大发牢骚，嚷嚷着想离职："这份工作不适合我。"

目前，小雅已经处于失业状态两个月，隔三岔五给父母打电话哭诉。无奈之下，小雅父母希望我看看小雅究竟是哪方面出了问题。说起每一份工作经历，小雅都滔滔不绝，这是一位开朗热情的小姑娘。

我问："在这些工作中，可曾有过你最喜欢的工作？"

小雅想了想说："我一直喜欢摄影，去年那份摄影工作找了一个月才找到。"

"那为什么后来不干了？"我追问。

小雅开始唉声叹气："我一度认为自己总算找到了喜欢的工作，可平时只要有客户来访，给客人端茶倒水领导都交给我去做；有时公司要给客户赠送小礼品，领导也让我在网上搜罗、下单……这和我想象中的完全不一样，我好歹也是211重点大学毕业，我怎么能做这种打杂跑腿的工作。"

至此，我总算明白了小雅的问题所在——眼高手低。

"我名校毕业，整天做这些琐碎的事情有意义吗？"

"以我的能力，本应该做更重要的事情，领导为什么偏偏让我做一些小事？"

……

在现实中，我听过许多类似的质疑声。人在职场，空有一身技能却无法发挥，的确让人焦虑不平。但职场上不是只有光鲜亮丽，更多时间是繁杂琐碎。客户来了，公司不安排人给端茶倒水，难道让客户自助吗？给客户赠送小礼品，购买下单不正是必需的流程吗？谁都不做，公司如何运营？

过去人们学手艺时都有一项不成文的规定，一开始都是从打杂跑腿的工作做起。没有人喜欢做这样简单而枯燥的工作，而师傅之所以规定学徒工从扫地、擦桌子等简单小事做起，其用意在于磨掉新人的傲气和散漫，培养他们踏踏实实做事的精神，这样才能为以后成大业打下良好基础。

同理，一个公司是由各种各样的事情构成的，公司给你的最简单的事情都是给你的机会，都是对你的器重，对你的考验，将这些事情做好了，你也就展示了自己的才能，接下来迟早也会受到重用的。试想，如果一个人连那些简单的事情都没办法做好，那么领导怎么放心让你干重要的事情呢？

身边的很多人每天都在做着默默无闻的小事，在我们看起来也许很乏味，但是只要自律地去默默努力，把简单的平凡的事情坚持做，把每天坚持的事情重复做。这样，所有的努力就能形成合力，就能达到常人无法企及的高度，最终做出一番令人瞩目的成就，成为令人艳羡的人上人。

这样的例子举不胜举，比如我认识一对从南方来北京打工的小夫妻，他们在小区里开着一家小超市，从最开始简单的零食百货，到后来蔬菜瓜果一应俱全。男人每天骑着电三轮起大早去进货，来来回回要跑好几个地方。无论是炎夏，还是寒冬，妻子一刻不停地热情地招呼着来来往往的顾客。

和这对小夫妻熟悉之后，我在闲聊中得知他们原来是一对大学生。“大学生一般都会选择做白领，你们当初怎么想的？”我有些好奇地问。“我们两家都是农村的，双方父母也年纪大了，我们结婚时就约定，不怕苦、不怕累，就是实干，只希望能多赚点钱。”男子一边搬货，一边回答。虽然很辛苦，但他们努力得很起劲，每天超市开门最早，关门最晚。再后来，他们又开始提供免费送货上门服务，顾客通过微信和电话下单，每天他和妻子轮流送货，赢得了诸多好评和信赖。

如今，这对小夫妻的超市越做规模越大，又相继开了第二个、第三个超市……据说累积资产也达到了二三百万元，收入远远超过了一些大城市的白领，我打心眼里为他们感到高兴。一直默默地努力着，变成最好的自己，也靠本事过上想要的生活。在我心里，这就是活得非常高级的一种人。

据说四川有一种竹子被称为“鬼竹”，因为这种竹子前 5 年根本看不见新竹长出，但到第 6 年会以每天 60 厘米的速度生长，迅速到达 30 米的高度。原因在于这种竹子在生长的前 5 年，表面没有生长，实际上是在地下默默地扎根，悄悄伸展出长达几公里的根系，而默默扎根的过程外人根本看不到。

在生活中，我从不小看那些默默努力的人，因为即便现在他们看起来平平凡凡，但是他们耐得住寂寞，经得住诱惑，多数都是在别人不屑一顾的地方默默努力，自律地对抗着自身的庸、懒、散、奢。当他们的努力达到一定程度时，往往都是厚积薄发，一鸣惊人，将自己推向成功的顶峰。

唯有厚，不断地积累，才能使自己更强大；也唯有薄，最后才会闪耀出惊人能量，这就是厚积薄发的妙处。

别人的灯关了，你的灯还亮着

最近大学同学雯雯给我发来一张自己在巴黎街头的照片，照片上的她留着浅棕色的烫发，淡淡的妆容，身穿一袭连衣裙，看起来美丽知性，光彩照人。现在她是一家外企的高级经理，因为工作上的便利以及经济上的宽裕，她几乎游遍了世界的每个角落，真是令朋友们羡慕极了。

不过，雯雯并非天生好命，她的人生可谓一部人生励志故事。

大学我们住在同一个宿舍，雯雯的家庭条件不好，上大学那会儿，为了帮父母减轻负担，当时她同时做着几分兼职，早上有些同学还在睡懒觉，她早早到食堂帮忙卖饭，中午到学校附近的饭店当服务员，晚上还要给一位小学生做家教。即便大部分时间被这些兼职占用了，但是雯雯在学业上一点也没耽误，考试总是班级前三名。

一开始，我们私底下都认为雯雯比我们大多数人都聪明，因为我们大部分时间都用在学习上，成绩却往往不如她，直到后来我才明白真相所在。

我记得，那天半夜一点多我醒来想上厕所，我迷迷糊糊出了宿舍，却在楼道拐角处看到一个人影。当时那人正蹲坐在一个小马扎上，一只手举着一个充电的LED小台灯，一只手拿着一本厚厚的书在看。当时正值寒冬，最冷的时候将近零下二十度，那人把毛毯披在自己身上，时不时跺跺脚、搓搓手。

细看之下，我发现是雯雯："深更半夜的，你在做什么？"

雯雯抬起头，一看是我，边揉眼睛边回答："我白天没有时间复习，只能晚上加班加点了，又不想打扰你们睡觉，所以每天夜里都在楼道看书。"

我摸了摸雯雯的手，十个指头冰凉凉的，跟冰棍一样。

没有人知道雯雯坚持了多少个夜晚，没有人知道她看了多少本书，更没有人知道她遭了多少罪。大家只看到，大学四年，雯雯每次考试都是系里的前三名，年年被评为"三好学生"。凭借优秀的成绩和表现，一毕业她就被一家外企聘用，之后她也不曾停下前进的脚步，一路奋斗到今天的位置。

曾经有一位忠实的读者问过我一个问题："为什么我们身边一些人——曾经的发小、同学、朋友同事——已远远地将我抛在了后边？"

在一本杂志上，我曾经看过这样一段话，或许是最好的说明："当听到年轻人对天才羡慕不已、啧啧赞叹时，我常会问他这个问题，'天才勤奋工作吗？'这里我要特别强调两个词的差别：'应付差事’与‘勤奋工作’。”这段话告诉我们，没有真正的天才，“天才”一定是“勤奋工作”的结果。

的确，一个人所获成就的大小，固然与天赋、学识、环境、机遇等外部因素相关，但更重要的是自身的勤奋与努力。这其实很好理解，任何成功和辛勤的劳动都是成正比的，一分耕耘一分收获，付出多少相应的就有多少回报。那些成功者之所以成功，就是因为他们多流汗、多出力、多费心。

严歌是我的大学导师，也是我很喜欢的一位作家。她的出书率很高，名字时常出现在畅销书架或者改编的影视作品上。

有一次，我问严老师：“您白天在学校要上课，晚上回家要备课，还要照顾家庭各种琐碎的事情，怎么能写出那么多书？”

严老师的答案很简单：“当你懂得自律，那些困难都不算什么。”

接下来，严老师给我讲述了自己的一番经历：“我白天的事情比较多，很多时候文字都是在寂静的午夜完成的。因为晚上环境比较安静，无诸多琐事分心，思路不会被打断，写起来比较顺畅。每天晚上，我自己最喜欢的一个时刻是，当我写累了，往窗外望，竟然发现窗外所有的灯都关了，安静地望着窗外，和自己的灯光辉映的只有星光，这个时候我就知道自己开始接近成功了。”

成功没有其他原因，就是用自律约束自己，比其他人多付出一点。

人难免会有一定的惰性，当下心里的旁白大多是：“不过就是偷懒一下，应该没有什么关系吧？”当这样的想法入侵大脑时，请及时提醒自己。日本SONY的创始人盛田昭夫说过这样一句话："如果你每天落后别人半步，1 年后就是 183 步，10 年后就是十万八千里。"这个数字是不是很惊人？

外人眼中的天分，往往也是用更多时间的努力得来的。你看到的成就，都是日日夜夜努力用汗水换来的。即便你和你的工作都很平凡，也要自律地去努力，数年如一日地付出心血和汗水。如果有一天，当你往窗外望，发现别人的灯已经关了，自己的灯还亮着，你离成功也就不远了。

现在的每个时光，都是不进则退

前段时间碰见大学同学妍妍，她一见我，就开始大吐“苦水”。

以前谈及自己的工作，妍妍觉得自己幸运，没怎么费力就进了现在这家公司。不用加班、不用熬夜，每个月就忙几天，其他时间还可以偷偷追追剧，而且走路上下班也就十五分钟，真可谓“活少，轻松，离家近”。可是，前些天公司突然说裁员，妍妍就是其中一员。这不是要命吗？妍妍 30 岁了，要技术没技术，要能力没能力，这怎么和二十几岁的年轻人去拼？想回家做全职太太，可拿什么养娃？

我不知道该说什么好，妍妍眼下的危机其实是她自己一点一点累积起来的。

大三的时候，同学们陆陆续续准备考研，妍妍却用大把大把的时间刷剧、打扮、交友、恋爱等，日子过得不亦乐乎，用她的话说“那么拼做什么？年轻不享受，那不是枉少年？”很多人都劝说过妍妍，应该趁着年轻多学习，多努力，给自己多一些积累，但每次都被妍妍用同样的话给堵了回来。

那就准备应聘材料找工作吧，妍妍的成绩排名一般，实习经历也不亮眼，按理说应该多费些心思才好，但妍妍却在朋友圈晒出了火车票，她要来一次说走就走的旅行。我很诧异：“马上毕业了，你不赶紧找工作，怎么还说走就走？”“是是是，道理说得都对，但总不能把所有时间都拿来努力吧？生活也是需要娱乐的嘛！”说这话的时候，妍妍正躺在三亚的沙滩上，悠闲地喝着果汁。

后来，妍妍回到老家，找到了这份省时省力的工作。她依然奉行享乐主义：“人这一生，过一天算一天，最重要的就是开心，要是全部时间都奉献给工作，那还有什么乐趣？”而她也确实是这么做的，下班后从来都是追电视剧、刷朋友圈，节假日则是四处拼饭局、旅游等，从未想过提高自己。

“一开始我还为自己懂得享受生活沾沾自喜，习惯了之前悠闲简单的生活，满足于自己已取得的安稳，也以为这样足以让自己和家人衣食无忧，可领导说，我工作几年了还跟刚毕业的学生一样懵懵懂懂，工作没有突破，没有提高。现在看来，这一切都怨我永远不愿意主动进步……”妍妍无比感慨地说。

人生如同一条湍急的河流，我们每个人都犹如在河中央行走。顺流而下是覆舟之险，今天的停顿，就是明天的落魄。所以，不要在最有能力奋斗的阶段选择原地转圈，否则你会把自己置于不可知的洪流当中，面临两种结果，要么付出更大的力气和代价艰难前行，要么被水流越冲越低……

当你推崇娱乐至上的时候，你的事业便会不进则退；当你奉行消费至上的时候，你的生活便会寅支卯粮；当你认为享受至上的时候，无论做什么事情都只会做一天和尚撞一天钟……这一切都会成为拖慢我们人生步伐的阻碍，让我们浪费宝贵的时间，消磨意志力，甚至最终止步不前。

生活就像一场激烈的长跑比赛，每一段你停下的时光，都有无数人因为努力和付出而超越你。如此，你将永远失去竞争的资本。若你总是为了追求安逸和享乐而放弃努力，若你总是更愿意走那条轻松又快乐的人生岔路，那你又有什么资格去抱怨自己平庸的今天和毫无希望的明天呢？

所以，我认为，人生永远没有真正的停顿，一如水的性质，只有流动，方能不腐、不臭。人生也只有克制自己的种种欲望和贪恋，选择逆流而上，付出更多的毅力和艰苦，才能越走越宽阔。

黎哥是我以前单位的一位同事，看上去其貌不扬，而且学历只是普通大专，老板却很器重他，年纪轻轻就做了制作部门的主管。后来，我才得知黎哥从前期策划到后期制作无所不精，而且还懂得业务营销，是一个不可多得的全才。黎哥为人很好，对于当时初入职场的我十分照顾，倾囊相授。

当时黎哥尽管已是制作主管，带领着二十多人的团队，在公司独当一面，可是他却还是不满足。根据我的观察，他整天不是在工作，就是学习新技能，而且这种工作状态往往持续很长的一段时间。下班后或周末，同事们经常相约着一起去聚餐、K歌，黎哥永远找理由不去，宁愿在公司加班。即便他偶尔去了，我们也私底下嫌他太严肃，因为他只会聊他的工作和职业规划。

一次，我情不自禁地提出内心的疑问："黎哥，您已经很成功了，为什么还这么拼？"

黎哥没有直接回答我的问题，而是问我："你有没有在大雨中奔跑两小时的经历？"

见我摇摇头，黎哥继续说道："那时我正在实习期，一次我到郊区拜访一位客户，准备返回时突然下起雨，我站在寒风里瑟瑟发抖，而最后一辆公交车也已经走了。雨越下越大，打出租车又觉得贵，而且晚上我们还有课，我只好冒着雨跑回学校，晚上脚踝就红肿得疼痛。这一路，汗水夹着雨水，足够我想明白很多。我要努力，我要赚钱，最起码，我不要再因为贫穷让自己的脚受苦。"

原来那次经历是黎哥直到今天都不敢懈怠的原因，也是黎哥持续学习的动力。

如果老天对你百般设障，请不要磨灭向前奋斗的勇气；如果老天善待你，给了你优越的生活，更不要收敛自己的斗志。生命除了用来享受和挥霍，还要用来思考和奋斗。所以，请不要在该奋斗的年纪选择安逸。既然梦想成为那个别人无法企及的自我，那么就应该付出别人无法企及的努力。

记住那句老话：吃得苦中苦，方为人上人。

累吗？累就对了，舒服是留给死人的！

你所谓的努力，希望不是说说而已

几年前，我在一家杂志社工作，当时已经坐到了部门主任的位置。公司新来了一个实习生，叫小晴。小晴是一个热情开朗的姑娘，在我们公司群里很活跃，也不止一次说希望我们能多教她一些写作技巧。小晴说得次数多了，我也认真起来，跟她说有空来办公室找我互相探讨。

我在办公室等了小晴足足一个星期，她都没有来找过，渐渐地我就忘了这回事。直到一天，小晴在分享会上聊起自己这段时间的工作感受，她说得慷慨激昂，一副激情满满的样子："通过这段时间的工作，我认识到自己还有很多不足，很多值得提升的地方，接下来我会跟前辈们好好学习，希望您们不吝赐教。"

对于有上进心的年轻人，我向来都是喜欢的。散会后，我忍不住问小晴："上次我等了一个星期，你怎么没有来？"

小晴回答："哎呀，最近我工作比较忙，一直顾不上。"

我直接回她："那你可以下班后来找我。"

小晴说："下班后我还要逛街买东西，更没时间。"

我又说："其实平时你多多注意学习和练习，这是提升自身最好的途径了。"

小晴说："写作又不是简单的事，有时我也没有思路。"

总之，我每说一句话，小晴总有解释的理由。话聊到这个份上就无解了，因为她根本只是说说而已。说，永远比做容易。无论你有多高的天赋，多丰富的资源，多聪明的头脑，多完善的计划，多少人愿意帮助你，如果你没有行动力，一切都是空谈，你的梦想终将仅仅是梦想而已。

关于未来，关于事业，关于生活，谁都有许许多多的想法，但又有几个人真将这些想法变为了现实？多少人，要么是担心自己的能力，要么是害怕承担责任，要么是害怕遭遇麻烦，于是裹足不前。想努力的时候总会被各种因素影响导致半途而废，最主要的原因是自控力太差，没有足够的自律。

"我要在实习之前把之前的专业书看一遍""我今年一定要去旅游，看看祖国山河"等等从口中信誓旦旦地说出来时掷地有声，但是到真正行动的时候，心里那个声音又在说"现在看一遍有什么用，到看完了也不一定记得住，不如追个剧""没有那么好的经济条件，学什么别人去看世界"，就这样，给自己的懒惰找个冠冕堂皇的理由，在自我欺骗与堕落中一去不回头了。

比谈论一件事更好的选择是什么？永远都是"去做"，这是我人生的重要经验之一。

工作几年之后，我有了创业的想法，我想做自己想做的事，为此一度充满了豪情壮志。但那时的我不懂得自律，总是给自己找各种借口，比如条件不成熟、资金不到位、害怕失败等，结果整日忙忙碌碌，却始终觉得创业遥远。直到后来我意识到，总是停留在思考层面或者再考虑往后推迟一段时间，对于自己的事业丝毫没有意义，自己不知不觉已经松懈了很久，于是我终于下定决心开始实施。

四年前，我开始了第一次创业，有失败，有收获，更重要的是有了全新的开始。

如果你有一个目标，请不要再用嘴说出来。行动永远胜于言语，自律地行动起来吧。“行胜于言”“言必行，行必果”“说到不如做到”，这些话都是说要想做成某件事，并不是说说而已的，是需要行动去实现的。将你的梦想或想法真真切切地落实在行动中，这才是成功的正确打开方式。

蔡志忠是台湾著名的漫画家，被称为“台湾最会画漫画的人”，他的作品《庄子说》《老子说》《列子说》《大醉侠》等在 49 个国家和地区以多语种版本出版，销量超过了 4000 万册。这些作品充满幽默，映射出哲理，往往发人深省。有记者采访时问蔡志忠：“为什么您的画如此有境界，很难被人超越？请问，我们怎么才能画出这样的作品，成为像您一样的画家？”

对此，蔡志忠说了这样的一句话：“你这样坐着等着，什么都没有。真正登上珠穆朗玛峰的那个人，一定不是体力最好的，而是那个哪怕死也要登上去的人。”

碌碌无为与成绩斐然的差别，就在于你是选择说还是做。

愿你的努力，不只是说说而已。

越害怕的事情，越要去做

一个真正有高级感的人是什么样子？

答案有很多种，其中很重要的一点就是，在一切事情面前稳操胜券，胸有成竹。

你想成为这样的人吗？这里有一个解决方法，越害怕什么你就尝试什么。

说起身边活出高级感的朋友，我第一个就会想到采薇。采薇似乎是一个无所不能的女人，因为无论是职场中还是生活中没有她办不到的事，她一口流利的法语，获得市级游泳比赛冠军，总是不经意就惊艳众人。当我问及采薇如此成功的原因时，采薇说："不去做自己害怕的事情，你永远不知道自己多有能耐。在现实生活中，往往是去做我们害怕的事情而成就了更好的我们。"

采薇是我的高中同学，大学学的法语专业。那时她是宿舍法语水平最差的那一个，尤其是口语，说的不洋不土，舍友们经常会开她玩笑。那时候采薇最害怕的就是口语课，害怕更多的同学嘲笑她，据我所知她一度害怕到想退学。结果因为成绩差，采薇错过了几次好的实习机会。采薇痛定思痛之后，决定改变自己，她先在网上交了几个法国朋友，坚持每天和这些朋友语音聊天，听不懂的话语就反复听，并诚恳地向大家求教。同时，她总会再听一遍自己的语音，听自己说得好不好，“这样反复练习之后，渐渐地我发现自己的口语还是挺好的，发音也变得标准了起来，于是我开始敢说了。”由于外语交流能力强，采薇如愿进入了一家外企，在那些海外客户面前毫无惧色，谈笑风生。“现在我更敢说话了，要是我早一点觉悟，或许现在会更好。”

这件事情对采薇启发很大，让她意识到，不要遇见害怕的事情就认输，越害怕什么就越尝试什么，人只有自觉主动地去改变才能变得更好。

两年前第一次看到大海时，采薇特别想学会游泳，但她自小一接近水就觉得很恐惧，也担心一直学不会被朋友嘲笑，还担心穿着泳衣会尴尬，但她依然立即报了一个游泳班。为了学会游泳她喝了很多池水，被水呛了无数次，但是她还是战胜了恐惧，放松身体开始享受水对身体的感觉，游得越来越好。和她一起开始学游泳的有一位女士，因为害怕下水，至今还未能游泳。

每个人都有感到害怕的事情，其中很多人因为害怕而不敢尝试，也就失去了很多优秀的机会。如害怕自己在公共场合出丑，而不敢当众发言；害怕会被水呛到，就不敢尝试着让自己潜入水中学着游泳；害怕做事情的时候别人会嘲笑而不敢去做；害怕自己晕车而放弃一次美好的旅行；等等。

对此，台湾著名主持人蔡康永说过一段很经典的话：“15 岁觉得游泳难，放弃游泳，到 18 岁遇到一个你喜欢的人约你去游泳，你只好说‘我不会耶’。18 岁觉得英文难，放弃英文，28 岁出现一个很棒但要会英文的工作，你只好说‘我不会耶’。人生前期越嫌麻烦，越懒得学，后来就越可能错过让你动心的人和事，错过新风景。”

真正的高级感是什么？就是内心明明感到害怕，却依旧无畏无惧怕地前进。

退一步说，恐惧其实属于人性的一部分，而人性是任何人都无法摆脱的。因此，当你因为恐惧而产生畏惧时，无须感到羞愧或者自责，重点在于承认和正视恐惧的存在，用你的勇气打败恐惧感。不怯懦，不逃避，当你强大到可以战胜一切恐惧的时候，那便是真正的高级感了。

相信大家都看过好莱坞电影《泰坦尼克号》，其中一幕感人的场景，至今深扣人心。

当“泰坦尼克号”遭遇冰山撞击渐渐沉没时，乘客们大呼小叫，如热锅上的蚂蚁争先恐后逃生时。船上的小乐队一直在甲板上一丝不苟地演奏着赞美诗，尽量安抚乘客的情绪，避免过度恐慌。

一位乐手认为此刻的演奏没有作用，反正没人会听。但乐队领队华莱士·哈特利却平静地说：“他们在吃饭时也是没有听的，我们现在拉一拉还可以取暖。”于是，他们又继续演奏下去，美妙的音乐在大西洋冰冷的夜空中飘荡。

甲板倾斜得越来越厉害，凄厉的哭喊和求救带着绝望在四周响起，海水漫过乐手们的脚面，音乐依然没有停……没有一个乐手去争抢救生艇，没有一个乐手胆怯惊恐，他们专注地拉着琴，直到船身断为两截，泰坦尼克号彻底淹没在大海之中……

在泰坦尼克号即将沉没时，恐惧是正常的，但是勇敢的乐师们却在生命的最后时刻，镇静地演奏着音乐，平静地面对死亡，这是多么伟大的人性光辉。

其实人生又何尝不是如此？在面对各种困难和挑战的时候，学着勇敢地战胜恐惧，并把恐惧的力量转化为动力，集中精力专注于自我控制，你就能够变得更加冷静且泰然自若，进而更有效地思考解决方法。

所以，你大可尝试去做那些令你向往和在意，但又感到害怕的事。比如，勇敢地向心爱的人表白，在年终酒会上主动与人搭讪，主动向领导汇报你的工作进展，甚至去换个从未尝试过的发型……开始时你也许会不习惯，感到不舒服或不自在，但长期坚持下去，你必会有脱胎换骨的变化。

请相信，你一定值得过上更好的生活。

No.4 当一个人越有边界感 也就活得越好

一个缺乏界限的人，将会失去自我，注定会活得无比艰难。一个人最高的风雅是恪守内心的尊严，不迁就，不妥协，如此必将活出比旁人更好的模样，让遇见的每个人都肃然起敬。

对不起，你的需求不是我的义务

我的哥哥是一名普普通通的交警，平时的任务就是在路上执勤、指挥交通。可是，也有很多熟人、亲戚通过各种关系找他，原因很简单：想要找他解决车辆违规的问题，以便免于处罚。这天，我正和哥哥在一起喝茶，忽然来了一个电话，是他的一个高中同学打来的，而且非常热情和客气。

哥哥有些诧异："这个同学之前没有怎么联系过，怎么今天就想起我了呢？"

果然，几句寒暄之后，这位同学说明了自己的意图："我前几天因为闯了红灯，被扣除了6分。可我之前已经被扣过分了，再扣分就满12分了，有被扣留驾照的危险，没准还需要重新考驾照。重新考驾照事小，可我平时业务繁忙，如果耽误了工作那就麻烦了，所以希望找你帮帮忙。"

听闻，我不禁替哥哥感到为难。但我知道哥哥一直有自己的原则，从来不会做违反原则和纪律的事情，为此宁愿“冷血无情”地拒绝别人。果然，哥哥真诚地说：“你看，我们是同学，按理说我应该帮你，也想要帮你。但我实在是爱莫能助！”

一听这话，同学着急地说：“你们都是一个单位的，不就是说句话的事吗？”

“不是你想的那样”，哥哥继续说，“我们交警都是按照法律法规办事的，你违章了，所以才会受到处罚，这是谁都不能避免的。而且你的分已经被扣除了，被录入了电脑系统，并不是人为能够修改的，我也是没有办法！”

过了一会儿，哥哥翻看了几眼朋友圈，耸着肩把手机递给了我，那是一条新动态，大意是：认识人多有什么用，有困难谁会帮你，谁真正在乎你，谁把你当朋友。看样子，是那位同学在抱怨哥哥的不帮忙。

生活中，这样的例子几乎时时都在发生：

你开心发跟朋友宣布下个月要去法国出差，朋友立马列了一个长长的 shopping list 给你，希望你代为购买；

“求帮忙砍价，砍价成功就能 0 元获得某某福利！”微信群或朋友圈里，你是否也经常收到这样的请求；

你在北京或者上海等大城市工作，三不五时就要来一拨亲戚朋友游玩，需要你陪吃陪喝不说，还得各种陪玩陪买；

……

这些事情都有一个共同的特点，对方提出的要求恰恰是你可以满足又多少有些不便。这时候，有些人心肠好，脸皮薄，耳根子软，架不住别人几句恳求，宁愿自己麻烦，也希望给别人提供便利。你是否也是这样的人？我要提醒你，这样的代价往往是牺牲自我，好心只会让别人不为你考虑，随时随地找你帮忙做事，你做好了还好，你有事刚好不能做，那么他们就会对你怀恨在心……

许多人不敢拒绝别人，因为一旦拒绝，必然增加对方心中的不快和失望，可能还要承受几分不善良、不友好，不念旧情的道德谴责。

但是每个人都有自己的“心理边界”，试想，你做着自己不愿意做的事，你允许他人不断地利用你，心中的负担和痛苦日积月累，倘若有一天你终于失去了耐心，把积累的怨气一并爆发，想一想，那情形和结果将是怎样的？毋庸置疑，你一直害怕被破坏的和谐关系，你一直努力维持的形象都将轰然倒塌。

与其这样，不如一早提醒：“这是你的需求，并非我的义务，对不起！”

曾经我认识了一个朋友，刚开始的时候发现彼此三观相似，很有共同语言，所以有事没事都会聊几句，可是后来渐渐发现，每当她心情郁闷了，工作不开心了，就会找我使劲吐槽，美其名曰“帮忙”，但是她所带来的几乎都是负能量。每当听完她的“吐槽”之后，我工作的心情都会受到影响。

渐渐地，我就疏远了这位朋友，因为我没有那么充裕的时间和精力去处理她的情绪，也没有义务去满足她排泄负能量的需求，我也曾直言：“成年人必须要学会处理自己的问题。”

当然，我也遭到了对方的抱怨：是当一个倾听者，这么点小事你也不肯帮，真不够意思！”

或许，她不明白我也要养家糊口，也要偿还贷款，也要在限期之前完成工作。她不明白为了腾出时间听她吐槽，我要熬夜工作到凌晨两点去补回我的工作时间。如果她不认为我的时间是有价值的，那我也没有时间去理她。

是的，这看上去有点不近人情，但我认为，界限感和分寸感，是维持关系最基本的底线。不予他人麻烦，这是最基本的礼节。

几年前的热播剧《甄嬛传》里说:“别人帮你,那是情分,不帮你，那是本分。”我一直觉得这句话很适用。帮忙这件事本来就是很主观的，毕竟每个人都有自己的事情，没有人应该或者必须去帮你。如果没有分寸感，也没有界限感，把有求于人变成强加于人，这就有些不合理甚至是过分了。

对于这种完全不考虑他人的人，即便再不好意思，我们也要说出拒绝的话。你一定要记住，那是他的事情，而不是你的，你的任务是做好自己的事情，过好自己的生活。说一次别人不高兴，说两次别人很生气，说三次四次，你就会发现别人不再像以前那样，他们根本不敢再露出不高兴的神色，而是和颜悦色，和你接触时更多的是尊重与理解你，你的生活也将变得愉悦轻松。

你是不是要感叹世界的神奇？不用感叹，人性就是如此。

一言九鼎的人，才能活得越来越好

“没有诚信，何来尊严？”这是大名鼎鼎的西塞罗常说的一句话。

对于这句话，我一直深以为然。

这一说法听上去有些抽象，那么我先讲一个日常故事。

一次国庆回老家时，我得空陪姑妈一起去赶集。大集上人群熙熙攘攘，小贩的叫卖声，顾客的砍价声杂糅在一起，好不热闹。姑妈想给家人做一顿自己最拿手的红烧肉，我们便信步来到一家肉摊前买了五斤猪肉。当时我明确地问该商贩够斤数吗？对方拍着胸脯，信誓旦旦地说：“绝对足秤。”

结果回家后一称，我发现五斤重的猪肉竟然缺了一斤的秤。碰上这样的商贩，着实让人恼火，于是我又返回肉摊前，生气地质问商贩，谁知对方不但没有给出解释，反而给出的理由是：“平时来赶大集，哪家不缺点秤？几块钱的事何必计较，再说这里的价格比商场、超市便宜得多。”当时我还想和这个商贩争辩，却被善良的姑妈拉走了。不过，此后我再也没有光顾过这家肉摊。

为了区区几元钱，损失了一位顾客。哪头轻？哪头重？

回顾我们身边，有多少人为了蝇头小利欺人骗人，小到缺斤短两，大到无视道德，规则解释权归己所有，能赚一笔赚一笔，风口过后就不再。我常想，小商人之所以是小商人，除了个人能力、资金等硬性资源外，为人不诚信，惯做一锤子买卖的行为，正是导致其发展受限的关键。

据说在美国，没钱可以活下去，但没了诚信就活不下去了。商人的一次失信，如偷税漏税，贷款到期不还等，就等于给自己宣布了“死刑”，他们“不守信”帽子就要戴到终生，以后永远别想从银行借贷，别人也不会与他再有任何经济交往。

人们为什么如此重视诚信呢？

在我看来，“诚”是做人的核心，“信”是做人的根本，这是一个人得以保持的最高贵的东西。诚信常常是检验人品的一块试金石，通过讲不讲信用，说话算不算数，来看一个人可不可交、可不可信、可不可用。失信于人，也就意味着丧失了做人最起码的品质，没人愿意和一个没有诚信的人打交道。

千百年来，有关朋友的解释有千种万种，但我一直固执地以为，有关朋友的解释只需要两个字，那就是：信任。还有什么比别人都信任你更宝贵的呢？有多少人信任你，你就拥有多少次成功的机会。信任从何而来？就在诚信。

我的朋友许朗长得不帅，个不高，也没多大能耐，只是一个养鸡场厂的小老板。一段时间由于受禽流感的影响，许朗的生意很惨淡，连续半年入不敷出，差一点就关门大吉了，这时候饲料供销商、多个鸡肉批发商纷纷解囊，给他提供了周转资金，就连我也亲自送去了三万元，帮他支撑过了这段艰难时期。

在危难时期，许朗怎能获得这么多人的帮助？对此，很多人非常不理解，但我深知，这一切完全出自大家对他的信任。

许朗是我的大学同学，大二那年，他迷上了吉他，并打算报名吉他培训班。培训费用大约两千元，父母并不支持许朗如此“不务正业”，许朗便在班上和同学们借钱，并许诺三个月之内归还。两千元是当时我们三四个月的生活费，并不是一个小数目，为了尽快还债，许朗每天下课后就到学校一家快餐店打工，据同宿舍的同学说他经常晚上十点五十赶回宿舍，赶在熄灯前的十分钟匆匆忙忙洗漱完。虽然累得腰酸背痛，但他一想到能尽快还钱，第二天就又精神满满地出发了。

但是天有不测风云，一次风雨交加的深夜，许朗骑着自行车返回学校时滑倒了，腿上划了一个大口子，好不容易攒的一千多元都用于拿药、缝针了。当时我们几个同学私底下认为，学校马上就要放暑假了，这回许朗应该无法如期归还钱了，并商议着给他缓一缓期限，让他不要给自己太大压力。谁知，放完暑假一到学校，许朗将之前借的钱都还给了同学们，不过他没有和家里要一分钱，这个暑假他根本没有回家，一直都在这边打工。“还不了大家的钱，我哪有心思回家。”

自此，同学们都知道许朗讲信誉，值得信赖，可以交往。相信，许朗与其他人的感情也是如此培养出来的。

古人说得好："人可欺，心不可欺；心可欺，天不可欺；一事可欺，万事不可欺。说话重在信，办事重在实，为政重在廉，做人重在诚。"

一言九鼎的人，才能活得越来越好。

一个人要想活出高级感，应该随时随地加强自身的信用。不说假话，不办假事，开诚布公，以诚相待，言必行，行必果，在日常生活中，答应别人的一件小事，即使是很小很小的事，都一定要做到，这直接关系你的人品。如此，你就能赢得他人的信赖和支持，并以此成就自身的威信与地位。

要么玩玩别当真，要么高傲地单身

中学语文课上，颇有才情的语文老师讲周敦颐的《爱莲说》，我迄今还记得她字字珠玑：“莲花之质，中通外直；莲花之性，不蔓不枝；莲花之雅，香远益清；莲花之姿，亭亭净植……”最后，她还意味深长地说，“这篇课文大家一定要认真背诵，特别是女孩子，能让你们受益终身。”

很久以后，我才终于明白语文老师的意思。可远观不可亵玩，这是一种高贵的自重。

我大学里有一个女同学，她虽然自身条件不好，没有姣好的身材，没有貌美如花的容颜，却喜欢结交各种各样的男生，而她对男生的要求只有一个：“谁肯为我花钱，我就和谁在一起。”每到周末，总能看到她拎着一大包零食或者礼物回来。我路过她寝室门口时，多次听到她跟别人炫耀：“这是XX送我的。”还有一次，我听到她打电话跟一个男生说：“如果下个月你还不给我买包，我就再也不理你了！”

后来，我从其他的同学得到消息，这个女生的情感经历非常坎坷，多次失败不说，还被男生骗过无数次，到现在为止感情都很不顺利。

每当想起这位女生的遭遇，我就提醒自己，在爱情面前，我们一定要矜持，要有高姿态，保持清醒的头脑，千万不要被物质所诱惑，不要因为钱和谁在一起，也不要因为钱而离开谁。虽然没有钱是万万不能的，但是贪图物质带来的满足感，寄希望从别人身上寻找安全感，只会让自己掉价。

再大一些我又意识到，那些活得比常人更好的人，分得清情，也懂得爱。绝不随便接收，也绝不盲目投入，更不会在爱情这件事上，模棱两可，使自己徒增烦恼。

小月是我闺蜜的妹妹，是一个可爱并美丽的小女孩，她喜欢看偶像剧。虽然小月还没谈过恋爱，但却总是一脸天真地幻想着爱情。直到有一天，她在街上遇见了鸿，这个男人英俊潇洒，眉宇间英气逼人，是很讨女人喜欢的那种，小月一下子被吸引了，主动要了鸿的电话号码，而鸿也欣然同意。

接下来，鸿和小月几乎每天都聊天，东拉西扯，彼此发些好玩的表情包。过了一个月时间，鸿开始约小月去吃饭、逛街，周末一起逛街、看电影，每天晚上互道晚安，总之两个人做着所有情侣做的事。和我们谈论起鸿的时候，我看见小月的眼睛里满是星星，盛满了纯粹的喜爱。

“他向你表白过吗？”我问小月。

小月想了一下，摇摇头道："没有，他的行动明显就是表白吧。"

我忍不住直言："傻妹妹，你以为暧昧着的感情最诱人？可是暧昧的感情却也最伤人，你永远猜不透对方是否真的在乎你，是否会好好的来爱你，你得到的只能是飘忽不定的眼神，琢磨不透的心思。爱情应该是明朗的，爱就是爱，不爱就是不爱，不存在第三地情感，存在了也是灰色的。"

小月应该是听进去了，随后发信息问鸿："你喜不喜欢我？我们这么长时间以来，暧昧不明的关系，你不想有什么解释吗？"

过了一会，鸿回复："抱歉，我还没有作好谈恋爱的准备。"

我和闺蜜有些诧异，此时小月已经愤怒不已，直接打电话过去："既然你不想谈恋爱，为什么还和我暧昧？是把我当备胎吗？告诉你，我没那么廉价，你有多远滚多远。"之后，小月不再理睬鸿。过了几天鸿给小月发信息，质问她为何几天不联系自己，有空要不要见面，小月直接将鸿划入了黑名单。

回想起来，小月还是会感到隐隐的痛，可她坚信要恋爱不要暧昧："无论我多么渴望爱情，也不会在只和自己暧昧的人身上浪费感情，这样是对自己的伤害，是对爱情的不尊重。"

爱和暧，同音，意义却相差万里。现实中，暧昧的朦胧感是很美好，但是爱情要的是责任和担当，要的是婚姻的结果，是一个实在的结果。如果一个人给不了你确定的结果，那么你完全没有必要陪着青春去和他暧昧，奉陪不起。即使你再喜欢这个人，也要懂得保护自己，懂得及时止损。

爱情也好，婚姻也罢，一个内心尊贵的人，在没有确定对的那个人之前，一定会坚守住寂寞，拒绝诱惑。不会因爱失去原则，保持矜持的高贵。这样自爱的人，就像是一朵出淤泥而不染的莲花，身上充满着圣洁和高贵的气质，才能真正赢得别人的真心，才能给自己更多选择的机会。

何况，感情从来都是一件美好的事，也是一件百转千回的事。

1991 年初夏的一天，现任中国作协主席铁凝去看望著名女作家冰心。那一年，铁凝 34 岁，冰心老人 90 岁。中国两代优秀的女作家，进行了一番奇妙对话：

“你有男朋友了吗？”冰心问铁凝。

“还没找呢。”铁凝回答。

“你不要找，你要等。”冰心老人说。

铁凝记住了冰心老人的话，而这一等，就是 16 年。

2007 年 4 月 26 日，铁凝与经济学家华生结为秦晋之好，这是 50 岁的铁凝第一次品尝婚姻的甜蜜。这个消息，顿时轰动了整个文坛。谈到对这次爱情的评价，铁凝说：“一个人在等，一个人也没有找，这就是我跟华生这些年的状态。我说对爱情要有耐心，永远不要放弃自己的期待。”

这多么像书中描绘的那样：“于千万人之中遇见你所遇见的人，于千万年之中，时间的无涯的荒野里，没有早一步，也没有晚一步，刚巧赶上了，那也没有别的话可说，唯有轻轻地问一句：噢，你也在这里吗？”铁凝淡定地守候着，她的爱情之花，从开始到现在一直美艳如初。

是的，真正的爱情和长久的幸福，绝不是为了恋爱而恋爱的关系，而是两个人彼此尊重和珍惜，一辈子真诚以待，相扶相持。如果那个人没有出现，不要急躁，不要凑合，更不要玩弄感情，等等再等等。不乱于心，拒万般诱惑，赢一人之心。相信，岁月有的是时间，让你遇见最好的人。

没有人值得你把身段一再放低

浩子是一个老实憨厚的 IT 男，他喜欢上同城一个漂亮的空姐。

几经辗转，浩子终于要到了空姐的电话。他不敢表白，有事没事，就专门搭乘她那班飞机，只为了见她一面。熟悉一些之后，浩子开始每天定时给空姐发送天气预报和笑话，想方设法哄她开心。空姐说饿了，浩子会跑八条街买她最爱吃的提拉米苏；空姐想要 iphone7，浩子吃了一个月的泡面省钱买给她；空姐怕夜晚黑，浩子获知了她的行程，凡是下班晚的时候，哪怕是深夜，他都会去接机，风雨不误。还有一次，为了帮空姐抢两张陈奕迅的演唱会门票，浩子在电脑前守了整整一天才抢到，他以为他们终于可以约会了，但空姐却说自己有男友，男友最喜欢听陈奕迅的歌，浩子只好将自己辛苦抢来的两张门票拱手让给了别人，看着女神投入他人怀中。

我们都以为故事到这里已经结束了，但是没有想到，浩子还是一如既往地对待空姐，去接机，买美食，送礼品……朋友们纷纷劝浩子不要再傻傻地痴情下去，浩子却说："她男朋友和她不在一个城市，她一个女孩子住在这个大城市，举目无亲，无依无靠，如果我不照顾她，她怎么办？只要她对我笑，愿意跟我说话，我做什么都愿意。也许，有一天，她转身时会看到我的。"

一天，空姐哭着和浩子说自己分手了。浩子以为自己的机会来了，鼓起勇气表白，谁知得到的却是空姐狠狠的一巴掌，她质问："原来你对我好，是有所图的。"

浩子寝食难安，满脸爆痘，哭诉着："为什么我付出那么多，却得不到你一点点的爱？"

空姐却并不领情："你是癞蛤蟆想吃天鹅肉。"

为了爱情丢掉尊严的样子，真的不好看！

通常一个人对另一个人产生好感以后，一种惯性思维和情感是，愿意为自己心爱的人竭尽所能，愿意为自己心爱的人透支一切，甚至不惜一次次将自己的身段放低，仿佛不这样做，不足以表达自己的爱、自己的炽热。但事实告诉我们，十段倾其所有的感情中，起码八至九段都会以失败收场。

这一切都在于你对爱情的不设限，通俗讲就是"没底线"。你以为拼命对一个人好，对方就会领情吗？爱情和感动、同情从来不是一回事。这不是爱，而是取悦。取悦，呈现出的感觉是离不开别人——你离不开我，所以才会对我这么好！时间久了，那个人是会习惯的，然后把这一切看作是理所应当，对你的要求越来越多。当你不断牺牲自我，爱得越来越卑微，你的一切都会显得如此廉价。

冷傲的眼神、倔强的性格、卓越的才华，张爱玲在大众心目中一向是高贵理智的，但是她深爱着胡兰成，爱他的风流倜傥，爱他的才华，爱他的自信、羞涩又胆怯，生怕爱人因为自己做得不好而伤心离去，她说："女人在爱情中生出卑微之心，一直低，低到尘土里，然后，从尘土里开出花来。"

遇见的时候，胡兰成已是"已婚"身份，还有着其他女人，算是他的姨太太，张爱玲是知道的，但她指望他会有回头变良人的一天，毫不犹豫地交出了真心。胡兰成不能给她名分，她虽有些不甘，但是依然同意。两人没有仪式，只有婚书为定："岁月静好，现世安稳"。战后，胡兰成独自逃亡，丝毫不顾张爱玲的安危。张爱玲独自面对种种是非，即便生活再困顿，也每月给胡兰成寄去生活费，保障他的生活。后来，她千里寻夫，从上海跑到温州去看他，低眉顺眼地坐在他跟前……

但是胡兰成呢？他用着张爱玲给自己的钱，爱上一个又一个女人，一次次伤害与抛弃了这个对自己倾情付出、不离不弃的女子……

胡兰成固然是错，但张爱玲的没有底线是不是一直在给他犯错的机会呢？说到底，在俗世的感情里难免会有现实的一面，你本身先得有价值，你的付出才会有人来重视。没有底线的人，其实也就是不爱自己的人。如果一个人连自己都不爱，别人还怎么去爱你？！只会给人看低你的机会。

我一直觉得，爱情是需要尊严与平等的，这不是所谓的门当户对，而是一种在同一个起点的互动，是相互吸引，彼此欣赏，以及心与心的交流。现在的我们就是最好的我们，哪怕你真的很爱很爱这个人，哪怕这个人再怎么优秀，也不值得你把自己的身段一再放低，无论何时，绝对要有自己的底线。

说到这一点，我最佩服的就是朋友美璐。

美璐是一家独资企业的客户经理，因为工作需要，经常需要出差。在此期间，男友刘凯居然不甘寂寞在网上“勾搭”上一个女网友，两人还见面开房了。得知情况后，美璐坚决地和刘凯提出了分手。刘凯不肯分手，他一再请求美璐原谅自己“一时的冲动”，还说“我保证与网友一刀两断，以后再也不会这么糊涂了”，“这一次你就原谅我吧，以后我会加倍对你好的，相信我”。

任凭刘凯怎么忏悔，美璐都下定决心要分手。她之所以如此坚决有自己的理由，原来之前她下班晚了，刘凯就会四处打电话找她，即使她与客户谈合同，他仍然不放心，弄得她烦不胜烦。她和他没少吵架，每一次吵架他都声称“下不为例”，但过后又故技重演。这些算是鸡毛蒜皮的小事，美璐虽然不高兴，但还是选择了原谅。“这次他犯的错误太大了，我觉得感情最起码要忠诚，他触犯了我的底线”，美璐如是说，“如果男人不停地做出让你极其失望的事，又不停地向你道歉，向你保证……这样的男人，无论你再怎么喜欢，也要趁早远离，否则，将一辈子为他的错误埋单！”

“毕竟爱过一场，你会不会后悔？”我追问。

“人的一生只有一颗真心，千万不能慷慨赠予那个不爱自己的人。”美璐微笑着说，“面对那个不爱你的人，最酷的分手方式就是干脆利落地离去，就算要哭，也应该给对方留一个潇洒无比的背影，起码看起来落落大方。”

说完，美璐轻轻地哼唱起林忆莲的《为你我受冷风吹》：“你明白说吧，无所谓。不必给我安慰，何必怕我伤悲。就当我从此收起真情，谁也不给。我会试着放下往事，管它过去有多美……”

没有哪个人比你的生命更重要，也没有哪场爱情会比你尊严更重要。

无论在爱情中，还是婚姻中，如果有人冒犯了你的尊严和原则，你无须听对方有多爱你的解释，这纯属谎言。如果你原谅了他，他用不了多久还会故伎重演。如果你原谅了他，你就永远也得不到你应得的尊重和欣赏。真正爱你的人，是不舍得你难过和痛苦的，更舍不得一直伤害你。

爱得不卑不亢，始终保持尊严，这样才能让人又爱又敬，看到爱情最美的模样。

你的善良要留给值得的人

小米是一个娇小的小女子，平时与人友善，在人前也是可爱的一面。前天，她哭着打电话给我说，办公室的主任欺人太甚。

小米口中的这位主任我之前有所耳闻，据说，他是总经理的小舅子，平日里不管不问不操心，甚至一问三不知，一旦项目上出了问题，为了保住自己的职位，就直接把责任推到员工头上："这事我早安排给你了，你的问题你负责！"涉世未深，单纯善良的小米就无辜地背了几次黑锅。

小米总是宽慰自己"人在江湖漂，哪能不挨刀"，但是这次问题有些太严重了。

一个月之前，主任提拔小米到办公室当秘书，当时小米认为是自己学历高、英语八级的缘故。在办公室没人时，主任经常会过来拍拍小米的肩膀、摸摸她的头。小米一开始觉得主任是看重自己，直到一天下午，同事们已经下班了，她一个人在加班，主任走过来，居然开始动手动脚。小米奋力反抗才得以脱身，并说要告发主任。主任明显也有点慌了："你是个善良的女孩，就原谅我一次吧。"

"你说，我应该原谅他吗？"小米追问，"他说一旦我向总经理告发的话，他的事业和家庭都会毁了。我开始想着忍忍就算了，结果后来越想越气愤，就来找你诉苦来了。"

我听完直骂小米没出息，怒其不争，哀其不幸。

"好人有好报""吃亏是福""忍一时风平浪静，退一步海阔天空""得饶人处且饶人""今日留一线，日后好相见"……这些都在劝人要一心向善，遭遇了不公平不公正的事情，要学会忍。但是，一个人的善解人意、忍气吞声真的可以换来顺畅的人际关系吗？

我的答案是否定的，在我认为，人需要保持一颗善心，但不是对谁都好都没有底线，对任何事情都忍到没有原则。现在这个社会，当善良失去原则的时候，就助长了恶。也就是说，你越是善良，越会变成被欺压的对象。你若好到毫无保留，对方就敢坏到肆无忌惮，最后好人无路可退。

职场上被同事或领导欺负，为了维持表面的和平，就算你受了委屈，也选择了沉默不言，默默忍受这一切。结果就是，别人不会体谅你，更加不会感激你，反而会因此得寸进尺，你受的不公平会越来越多。反正你是软柿子，怎么捏都没事。那些敢于性侵女下属的人，不就看准了这点吗？

没有底线的善良，不仅不能传达你的善意，反而输送了你的怯意；没有原则的善良，只会让善良的人越来越寒心。所以，当我们是对的时候，当我们利益受到伤害的时候，不要再一味地善良，不要活得忍气吞声，为自己划一道底线，其实是对自己最好的保护。

在《红楼梦》里，我非常欣赏探春这个人物。探春是贾府里的三小姐，是贾宝玉同父异母的妹妹，她虽然善良，却能够始终坚持自己的原则。

有这样一个回合，因为邢夫人捡到了绣春囊，因为王善保家的进了谗言，王夫人决定抄检大观园。在极讲“名声”的古代，搜检女子的闺房是令人感到难堪的，何况是自抄自家。就为了一己私欲，连自家脸都不要了，连自家姑娘的名声都不顾了，搁谁谁不气。但是大家都敢怒不敢言，默默例行。

唯独到了探春这里不一样，她将自己房门大开，板着脸坐在里面，不怒自威地等着抄检人的到访。抄检之时，探春将自己所有的箱柜打开让人查阅，唯独不允许开自己丫头的箱柜，她力争道：“这个屋里的主子是我，凡丫头所有的东西我都知道，都在我这里间收着。如果要抄查，那就抄查我，要知道我才是贼主子。你们不依，只管去回太太，只说我违背了太太，该怎么处治，我去自领。”

王善保家的自以为得势，不禁说三道四，还对着探春的衣物来了一次亲身抄查，嘻嘻哈哈地说：“连姑娘的身上我都翻了……”探春大怒，“啪”就是一掌：“准你这样放肆？”这一巴掌，打的不仅仅是王善保家的，还有那些只为自己私利而默许抄检之事的“夫人们”，极力维护了自己的体面和尊严。

探春的刚强坚持，守住了她的边界，也守住了她的小园子。

在这个世界，既有好人，也有坏人。有些人值得你对他好，有些人却未必值得。在我看来，一个人越是善良，待人的底线应该越高一些，这样才能避免纵容丑恶的发生，才能将善良用在真正值得的地方，才能有尊严地生活。

后来的小米，在职场里进进出出。她犯过“浑”，不接受单位的工作调动，给咄咄逼人的老板来了一个下马威，宁肯走人亦不妥协；她犯过“二”，当客户冤枉自己的时候，她没有委曲求全，而是指出了对方的不对……小米笑过，哭过，闹过，却也最终出落成一个善良而有力量的人。

不要向你不喜欢的生活妥协

柚子自幼是一个各方面都很普通的女孩，高考时成绩也很普通，父母早早为她规划好了未来：上一所普通师范类学校，毕业后在老家做一名小学教师，平平稳稳过一生。但柚子却不想把一生就那么交付了，她说："我不喜欢那样的生活，我还年轻，想复读再考。"那一年，她每天只睡四五个小时的觉，其余时间都用来复习，人整整瘦了十几斤，最终拿到某一本高校的录取通知书。

小时候，柚子最大的愿望就是去上海，她喜欢上海的精致繁华。毕业后，柚子成为上海一家广告公司的策划。上海不如想象中那么美，处处充满了残酷的竞争，柚子刚开始一直住着拥挤的合租房，亲戚朋友们得知后纷纷劝说柚子回老家，她却说："老家的确会过得舒服一些，但是也过于安逸。上海虽然竞争残酷，但也装满了机会，只要耐心地寻找，我相信，总有一块我的立足之地。"

这几年，柚子兢兢业业地对待工作，颇受领导的重视和青睐，也在上海站稳了脚步。只有一点是遗憾的，她把自己拖进了大龄女的行列。亲戚朋友们忙着给她介绍对象，柚子去了一次又一次，却始终没有遇到自己觉得合适的那个人。于是，她的爸妈整天和她唠叨“差不多就行了，别把自己拖老了”，柚子却不慌不忙地回击道：“你们以为这是挑衣服呀，不合适再换换？既然是要找陪伴自己一生的人，我当然要挑选一个自己中意的人，最起码要合眼缘，三观正，绝不妥协。”

“你从小就犟。”我评价柚子说。

柚子回答：“不要向你不喜欢的生活妥协，妥协只是看起来省力了，一旦你妥协了第一步，哪怕是小小的一步，你就很难再有心气往前迈进了。”

想想真是如此！很多时候我们妥协得越多，就失去得越多。

在周围人的催促下，假设你为了耳根清净，或为了迎合父母的意愿，与一个不怎么爱，却被称为“最适合”的人早早捆绑在一起，勉勉强强过不痛快不说，也会因此错过那个真正适合自己的人。人生最大的遗憾不是错过最好的人，而是遇见更好的人时，你已经把最好的自己用完了。

你明明不喜欢自己当前的现状，但总有一些人觉得很好，“这个工作稳定，待遇好”“别人羡慕都还来不及，你有什么不满足的？”……极力劝阻你不要轻易去摆脱。如果你作出了妥协，那么接下来只会让自己活在违背内心的痛苦和不爽中，到头来，也会发现没有为自己真正活过。

每一次妥协的背后，都有一个真实的目的：或是害怕失去，或是息事宁人，或是不愿付出努力……我们一直以为妥协一些，将就一些，这个世界就会为我们让出一席之地，但最后却发现，除了失去更多、抱怨更多，什么都没得到。更严重的后果是，我们想要的东西，也会跟着一样样地失去。

所以，我经常提醒自己，倘若做不了一个有姿色的女子，或者一个聪明伶俐的女子，至少要做一个有态度的女子！态度，就是有自己的主张，坚持自己的坚持，尤其不与生活妥协。

刘珊是我们大学同学中混得最好的女人，上学时她的成绩不是最好的，长得也不是最漂亮的，但她却实现了无数人的人生理想，住别墅，开宝马，儿女双全，夫妻恩爱，经营着一家近百人的商贸公司，告别了朝九晚五的打工生活，已然算是走上了人生巅峰，令身边的朋友们艳羡不已。

关于自己的成功，刘珊的秘诀就是不妥协。

大学毕业后，刘珊在一家商贸公司找到了一份行政工作，工资稳定，也不辛苦，而且薪酬也不算低。亲戚朋友们都说刘珊的工作不错，但刘珊却意识到这种生活不是自己喜欢的，于是向领导申请调进了市场部。市场开拓不是一件容易的事情，而且充满了挑战性，出差更是常事，但刘珊知道，在市场部能快速了解业务、熟悉流程，最大限度地提高自身的能力。同时，她还经常利用周末的时间努力“进修”，还报名参加了一些销售方面的培训班。虽然这段时间过得很艰难，很辛苦，但由于工作出色，刘珊一次次得到了领导的赏识，最终被提拔为销售部副经理。

事业正值顺风顺水之时，刘珊萌生了自己创业的想法，注册成立了一家商贸公司。创业路上艰辛是难免的，原来出门就打车的她也开始挤公共汽车了，出差能坐火车的就不坐飞机了，原来宽敞舒适的办公室也成为了历史，而且各种困难一股脑儿地向她砸来……许多人不理解刘珊何必如此自讨苦吃，就连当初的老板也劝说刘姗“回头是岸”，但刘姗却丝毫没有妥协，“我希望赚更多的钱，希望更自由，希望有更多的能力得到体现。如果我不跳出创业，也就找不到这条出路……”

凭借着高超的能力和丰富的经验，刘珊的创业之路越走越精彩，个人所获得的资产高达千万，足以支撑后辈子的惬意生活。

你是不是已经很妥协了，但离理想的生活仍差好远？你委屈、困顿、彷徨，你活得越来越不像自己？不必羡慕那些活出高级感的人，他们并不比你优秀，只是不肯轻易妥协罢了。

很多时候，人最难面对的不是别人，而是自己。

妥协或不妥协，这是一个难题。但如果你想从心所欲，做自己想做的事，那么必须态度鲜明，认准了的事不要轻易更改，并敢于承担不妥协的代价，坚信假以时日，不被牺牲的人格与原则一定会给你带来丰厚的报偿，比如内心的喜悦和自由，真正合适的爱人，以及梦寐以求的生活等。

千万别去迎合那些低层次的人

我的外甥女彭彭不久前刚考上大学，临走之前我再三叮嘱她，在学校一定要多多读书，多多学习，多多思考，同时尝试着接触一些与专业相关的工作。但上次放寒假，当我问及学校的情况时，彭彭却有些烦恼："姑姑，我每天除了上课，还经常去图书馆看书，有时晚上也在宿舍做些设计工作，但是我的行为在一个舍友眼里却是另类，她经常嘲讽我只是白费劲，瞎折腾，真是这样吗？"

我有些意外，思考几秒后，问道："你的这位舍友每天做什么？"

彭彭撇撇嘴，回道："她呀，经常窝在宿舍追剧、嗑瓜子或者睡觉。"

"这就是格局不同。"我说道，并进一步解释说，"每个人都有不同的层次，理解东西的方式也不一样。层次低的人只能看到眼前的利益，看不到背后延伸出去的巨大财富。正因为如此，他们理解不了你的所作所为，不仅不支持你，更有可能打击你的信心，拖住你想要向前奔跑的脚步。”

“所以，你千万别去迎合那些低层次的人，甚至要远离他们。”

以上的说辞可能有些尖锐，但我一直认为“近朱者赤，近墨者黑”。一个人要想变得更优秀，活出高级感，就必须远离身边低层次的人。

所谓层次，不是由出生背景决定的，也不是由个人财富决定的，而是指人的素质、阅历和教养，更是眼光、格局和价值观。

我曾经听说过一个非常形象的比喻——“如果你站在井底，别人的落井下石才有机会得逞。如果你站在高处，难道对方要朝天上扔石头吗？那么做的结果，就是砸得自己头破血流，为愚蠢付出代价。”也就是说，与其去迎合那些低层次的人，不如不断前进再前进，让自己变得更优秀更强大。

贺兰在一家广告公司做文案，她很喜欢这份工作，也很希望和同事们和睦相处，但是后来她发现一聊天她就头皮发麻，因为办公室里的几个女同事，每天谈论的话题无非是谁家的公公婆婆做了什么不好的事情、谁家的老公挣了多少钱、楼上财务部的某个同事上个月离婚等。她不明白，本是年纪轻轻该奋斗的年纪，却每天把精力放在这些鸡毛蒜皮的事情上，还是一些别人家的生活。贺兰不喜欢东家长西家短，更不爱背后谈论别人，所以大部分时间她都坐在工位上认真工作。

由于工作认真踏实又有责任心，贺兰进入公司不到两年的时间就被领导提拔了，从一个普通文案晋升为文案组长。遇到这样的好事，贺兰上下班路上都哼着小曲，但是很快这种好心情就被破坏了。因为有几个员工得知她晋升，心里不平衡了，对贺兰的态度尖刻起来，说话有时还带着“刺”：“有些人爬得真快，看来长得好看，就是容易得宠”“有些人看着默不作声，谁知道背地里送了多少好处”……

遇到这种事情，谁都会感到气愤。不过，贺兰知道过多计较没有用处，自己还需要多方面地发展和进步。所以，她从来都是一笑了之，一如既往地努力工作。就这样，贺兰顶着心理压力，不断地提高自己、完善自己，工作成绩越来越好，又一次次得到了领导的表扬，并最终被提拔为策划总监。此时，贺兰已将那些非议自己的同事远远地甩在身后，她每天谈论的都是价值百万的商业项目。

对此，贺兰感慨地说：“你只有进入高格局的层次，才能更好地展现自己，认识真正有能力欣赏你的人。当你强大到一定地步时，大家自然会尊重你、听从你，你不需要通过猜测和揣摩别人的心思，也不需要迎合任何人。”

有些人胸中装着泥泞，有些人胸中装着星辰。

有些人谈的是闲事，赚的是工资，想的是眼下。

有些人谈的是机会，赚的是财富，想的是明天。

有些人谈的是给予，赚的是人情，想的是未来。

我们无法选择自己的出身，无法选择自己的财富，却可以选择和什么样的人一起同行。

哈佛大学每年会在新生入校时提供一个庞大、紧密的校友网络，那些校友大部分是精心挑选的、世界一流的成功人士，然后通过课外游学、校友联谊、假期实习等方式，为彼此提供沟通和交往的契机。如今，哈佛大学的毕业生遍布美国社会各领域，从白宫到华尔街到法院等，掌握着美国大部分的权力。

跟什么样的人就成为什么样的人，和格局高的人在一起十分重要。所以，远离身边低层次的人群，追求一个向上的、奋斗的状态，去更高的地方，看更远的世界，总有一天你会发现，它带给你的远远比你付出的更多。

No.5 标准 决定了你的层次和高度

每一个活得比常人更好的人，都不是与生俱来带着光环的，而是凡事以高标准要求自己。太多的宝贵，都需要跋涉，才可以获得。太多的璀璨，越隔着月色，越光芒四射。

谁不怕疼，只是更喜欢蜕变的美丽

我和穗子是在飞机上认识的，当时她是我的邻座，第一眼见到她，我就被她身上那种干练的女强人风范所吸引。我们一路上聊得很开心，觉得十分投缘，所以下飞机时就互留了联系方式。再后来，我们就成了无话不谈的闺密。

穗子非常努力，而且精力充沛，向来不比男人差，之前我一直以为她是天生的女强人，但了解到穗子的成长经历之后，我不禁一阵唏嘘。

穗子的家庭背景非常不错，上学期间，是朋友圈里有名的"富二代"，自小就过着衣食无忧的富足生活。这也导致穗子有些娇生惯养，每天得过且过。比如，穗子以为有父母在背后做保障，自己可以安安乐乐一辈子，于是就在家附近找了一份办公室文员的工作，用大把大把的时间逛街、娱乐等。

但生活哪里有那么多一帆风顺？后来穗子父亲遭遇了生意的

变故，母亲也生了重病，家境一落千丈。穗子有心想周济下父母，无奈她每月的固定工资只有三千左右，除去吃穿住用行等日常花销，到月底所剩无几。后来在保险公司上班的表姐建议穗子跟着自己卖保险，这意味着要放弃轻松安稳的文职生活，而且自己是一个不善交际和言辞的人，穗子有些犹豫。但眼看一家人陷入捉襟见肘的赤贫状，穗子只好艰难地下了决定，告别眼下的工作，投入到了保险推销工作。

在以后的日子里，穗子努力用保险理论来武装自己，并且硬着头皮每天去拜访不同的客户，她改变自己的性格，热情洋溢、积极主动地面对自己的顾客。渐渐地，穗子成了众人眼中能说会道、舌灿莲花的人，几乎整个人被打磨一遍，当然她的收获颇丰，业绩蒸蒸日上，不仅帮助家庭摆脱了困境，而且职位也步步高升，从销售员到主管，再到经理，彻底变成众人眼中成功的女强人。

“那段时间，你是怎么过来的？”我追问。

“说实话，我遭遇过诸多酸楚和疼痛，比如一次次被客户拒绝，吃闭门斋，这是我以前所不能忍受的事情。但一个人想要变得更好，是要付出代价的。谁不怕疼，只是我更喜欢蜕变的美丽。”穗子笑着答。

没错，雏鸟经过风雨的洗礼才会成为展翅的雄鹰，毛毛虫经过破茧的蜕变才会变成美丽的蝴蝶。在一个人的成长过程中，从浅薄到博雅，从幼稚到成熟，从冲动到理智，这些都是一个人的蜕变。蜕变，是一个成就美好的过程。也许蜕变的过程是充满的痛苦，但我们必须要努力地去改变。

蜕变，来自内心的觉醒和追求。也就是说，除了外界不可抗力使我们不得不蜕变之外，我们更应该有一种主动“粉碎”的自我的意愿，只为实现更高层次的自己。

著名主持人杨澜是我非常欣赏的一位女性，她美丽、智慧、优雅、高贵、知性，可以说是优质女性的典范，你能想象，她曾经是一个羞怯、不自信的普通女孩吗？

在成为央视节目主持人以前，杨澜是北京外国语学院的一名普通大学生，还是一个有些缺乏自信的女生，甚至曾因为听力课听不懂而特别沮丧。当时的她不断给自己打气，一遍又一遍和听力死磕，听力难关得以突破，也才有了后面我们看到的在台上用英语与诸位政界、商界顶尖人物谈笑风生的杨澜。

杨澜的专业是金融贸易，一个偶然的机会使她成为了中央电视台的主持人，而且获得了全国人民的喜爱，红遍了大江南北。在主持人正做得风生水起的时候，杨澜突然决定去美国读书。因为她认识到自己对外部的世界了解实在太少，不过是一只井底之蛙，希望对这个世界能有些自己的见解和观点。就这样，她辞去了令人艳羡的公职，背着两箱子行李来到了美国。在那里，举目无亲的她租住在不时会溜达出老鼠的便宜公寓里，每天要熬夜学习到凌晨2点钟左右。不过这段艰辛的生活，让她在国际政治、外交、经济、传媒等各个领域都打下了更为坚实的基础。

1996年回国后，杨澜加入凤凰卫视，一手策划、主导了两档访谈节目，但一开始发展得十分不顺，杨澜丝毫不以为然，她说：“每一次我要改变肯定是因为与周围不和谐的情况已经达到了极限，我既然想要改变，就能够承受那样的痛苦。”为了更好地准备采访，无论工作多么忙碌，她都会抓紧时间读书。那段时间，她每年的总阅读量超过8000万字，采访的时间更是达到了数万小时。就这样，杨澜呈现给大家的是永远脱俗的气质，永远微笑着聆听，谈吐文雅大方。她访问过近千名国际政要、企业家、社会领袖，其中多位都与她成为了莫逆之交。

“想要脱胎换骨，就给自己以粉身碎骨的勇气。”杨澜引用歌德的名言告知我们，她就是用粉身碎骨的代价去换取自身的成长的。她用高贵优雅的姿态站在了全国女性的最前端，昭示着一次次蜕变后的美丽。

每个人都想改变，都想变得更好。然而，这不是一句空洞的口号，更不是立竿见影的事情，需要我们付诸行动并为之不懈努力。比如，不断学习新的知识，不断开拓自己的思维，摒弃陈旧腐化的观念，从内心接受种种考验，不断告诉自己：“一切勇敢地蜕变，都是自己生命中最好的遇见。”

如此，相信美好的人生一定会降临。

向往的就是统治，即使到了地狱

同事的表弟小翼大学刚毕业，他一心想大展拳脚，谁知跑了几次招聘会却陷入了迷茫。原来他发现，有些公司名气颇大，效益也不错，但入职后需从最底层做起，收入也并不理想；另一些公司则恰恰相反，起步不晚，规模不大，为了引进新人，薪资待遇和岗位都比之前的大公司提高了一个档次。

“我究竟该怎么选？去大公司，还是小公司？”小翼问同事。

同事一时也难以抉择，便将这个问题抛到办公室，大家展开了一番激烈的讨论。

职场上有 500 强的大公司，也有几个人的民营企业。不少人都会困惑于进大公司还是去小公司，这一点其实仁者见仁，智者见智。在这里，我决定结合自己的经历，说说对于这个问题的认识和感受。

我曾在一家集团企业工作过一年多，该集团旗下有三个子公司，员工近千人，算是比较大的公司了，各方面的制度比较完善、健全，工资福利待遇好，经常举办培训和拓展活动，接触到的东西都比较成熟和专业，但是存在着分工过细、工作程序冗繁、工作效率偏低的情况。工作一年之后，我发现自己很多业务没有办法接触，很多资源没有办法调动，有时可能好几个月都见不到领导，而且管理岗位有限，在里面升职特别慢。这让我的内心没有充实感，也没有满足感，于是再三思虑后辞职。

后来，我在朋友介绍下进入一家处于初创期的小企业，在小公司上班，因为公司事务繁多，会要求员工成为多面手，我们一个人往往当成好几个人用。那时候，我既负责业务宣传，又要管理各种资料，还要撰写各类报告，几乎每天都是忙碌状态，加班更是经常的事，那是我最忙碌、最努力的一段时期，但是确实是自己成长进步迅速的地方。大半年坚持下来，我感觉自己各方面都成长了不少。当然，不容忽视的是小公司各方面的制度都不健全，很多地方都不正规，容易出现纠纷。

在这里，我并不是鼓励大家去大公司或者小企业，毕竟萝卜青菜各有所爱，而我只是根据自己的经历说说自己的感受。

事实上，无论是身处大公司还是小企业，首先你要知道你自己想要的是什么，你未来的职业方向是什么，并且时时为之不懈努力。即便你此时默默无闻，此刻身陷泥泞，你也应该向往和争取顶尖的位置，激发你的斗志、鞭策你的能力，这也正是一个人变得越来越优秀，层次越来越高的根源。

他是一位高考文科状元，北大毕业的天之骄子。亲戚朋友们对他的期许很高，认为将来他不是一个儒雅的教授，就是一个精明的商人，但他大学毕业后却回到了老家。老家没有最前沿的科技，没有国际化的同事，回家后他迷茫过，消沉过，但他没有堕落，而是操起了一把杀猪刀，开始了杀猪剁肉的买卖，成为一名农贸市场的小贩。

卖猪肉这件事看起来挺简单，但他却坚持把这件事做到"北大水准"，争取卖国内最一流的猪肉。为此，他开始自己养猪，选择当地土猪品种，他养的猪除了能自由活动，猪场里还设有音响，专门给猪听音乐，因为他说猪和人一样，只有心情愉悦，才会长得又肥又壮。就这样，他的"壹号土猪"在国内成为响亮的土猪肉第一品牌。

后来凭着多年屠夫的经验，他和人合伙开办了一所屠夫培训学校，每年都有大量的毕业生前来接受培训。他还自己编写讲义《猪肉营销学》并亲自授课，填补了屠夫专业学校和专业教材的空白。

如今的他名利双收，闻名国内，他就是陆步轩。

"向往的就是统治，即使到了地狱。"这是西方的一句名言！

人最终的追求应是自我价值的实现，这正是人与动物的区别。工作是一个人在社会上赖以生存的手段，但除此之外，它还是实现人生价值的重要途径，它使我们不断提高自身的专业知识、积累丰富的工作经验、提升为人处世的能力，而这些都有益于我们未来事业和整个人生的成功。

无论在大公司还是小公司，重要的是找到自身价值所在。

请不时地问问自己：在当前的工作岗位上，你能发挥多少能力？你能贡献多少价值？你的价值能得到体现吗？无论什么职业，什么岗位，积极而认真地去工作，去体现自身的能力，去提高自我的价值。当你朝着这一正确的方向前进时，即使不能干一番惊天动地的事业，你也能成就一个更好的自己。

不安稳的日子，才最安稳

“生活安安稳稳的，比什么都好”“别瞎折腾，没什么用”“我只想过些安稳的日子”……每当在生活中听到这样的声音，我都不由得感到悲凉。因为一开始就想着要稳定，很多坏事情也就由此开始了。

我的姑父在老家一家机械制造厂工作了整整十年，是亲戚朋友间工作最稳定的一个。他每天按时上下班，早八晚四，拿着固定工资，十年如一日，从没换过工作。

据说姑父当年是村里的第一个大学生，省城原本有一家企业早早就向他抛出来“橄榄枝”，但大学毕业后他还是回到了家乡，理由是：“这个地方不大，但我还是想过安稳的生活，能够跟父母生活在一起，老婆孩子热炕头，没事时和一群朋友吃吃喝喝，不用为房租和搬家发愁，每天乐得逍遥。”

工资固定，有吃有喝，前几年姑父对这样的生活状态满意极了，但近年来厂子效益越来越差，陷入产量越多亏损越多的怪圈，姑父的工资开始“缩水”，也开始逢人抱怨赚钱少、发展难，抱怨自己混得不好。

有人问姑父有没有想过换一种生活，他点点头又摇摇头，说：“每天都在想，可是怎么换呢？毕竟这份工作很稳定，有保障，而且别的工作太有挑战性了，我恐怕也吃不消！”

后来，厂子因效益问题准备裁员，不幸的是，姑父的名字就在裁员名单上。自此，姑父开始打一些零工，帮人搬运东西或者修缮房屋之类的。也时常借酒消愁，感慨自己清闲了半辈子，到现在一把年纪反而辛苦劳碌。

姑父类似的经历很可能发生在任何人身上，也许就是你、我，或是办公室、教室、学术研讨会上的任何一个普通人。有些人只想过安稳的日子，工作轻松，不用加班，没有竞争，以为这样可以安稳无忧，却发现在这种局面下，自己已身不由己地沉迷其中，不知不觉向生活举起了“白旗”。

所谓的稳定，只是我们头脑中美好的愿景而已。这个世界上唯一不变的就是改变，周遭环境从来都不会有绝对的安全感，世界上没有一份绝对稳定的工作，这是每一个人都应懂的道理。如果你觉得稳定了，很有可能正处于一种停滞状态。如果你觉得安全了，很有可能开始暗藏危机。

所以，不要在最该奋斗的年纪选择安稳。

拿我自己来说，我出生在一个普通的家庭，读的大学也极其普通。大学毕业时，家中长辈们一致认为，女孩最好找一份安稳的工作平平淡淡度过一生。我身边一些朋友开始陆陆续续考取公务员，因为大家认为，公务员是一个“铁饭碗”，而且比较轻松，是一个最安稳的出路。然而对于我个人而言，在一个地方喝着茶、翻着报纸，在二十几岁的时候，就看见自己五十来岁的样子，是非常可怕的事。

当然，我并不是否定公务员的工作价值，只是我内心深处并不想把自己的未来和公务员联系在一起，而是更愿意和自己喜欢且适合的工作打交道。刚毕业那几年我几乎每两年会换一份工作。家人知道后很着急，劝我不要乱折腾。我不知道他们是怎么界定“折腾”的，我只知道，自己还年轻，本来就是需要一次次尝试，如果最后自己可以找到喜欢且适合的工作，那这一切都是值得的。

为了这种追求，我早已做好吃苦和奋斗的准备。有段时间，我住在租来的房子里，每天挤公交上下班，挤在格子间，吃着廉价的工作餐。这几年，我做过文案、编辑、记者、策划等，经过一番兜兜转转，我也更加确定了自己热爱的是写作，于是决定从不错的单位辞职，沉下心真正与文字为伴。如今，虽然我每天坐在电脑前敲敲字就能挣钱，不用风吹日晒，不用朝九晚五，但我依然在探寻生活的无限可能性。“只要活得光鲜亮丽，哪怕用再多的辛苦做交换也在所不惜。”

人生不要安稳，而要精彩。

世界是不断变化的，我们若不想与这个世界脱轨，就要不断地接受新变化，让自己每一天都变得不一样。而真正的安全感来自你对自己的信心，是你每个阶段性目标的实现，是你对自己命运的把控，是获得身体和精神上的更多可能和收获。

所以，不要在应该奋斗的年纪选择安逸，不要试图追求所谓的安稳。既然梦想成为那个别人无法企及的自我，那么就应该付出别人无法企及的努力。无论什么时候，敢于尝试新的事情，敢于突破自身的局限，创造自身的无限可能，请相信，你一定值得过上更好的生活，最终如愿以偿。

如果可以，我还是想要做到 200%

在文章开始，我要讲一段“偶像”杨澜的经历：

1996 年，还在美国留学的杨澜第一次采访美国当代著名外交家基辛格博士。那时候杨澜初出茅庐，没有采访经验，只是简单把基辛格博士当年与周总理的谈话内容作了一些了解，所以采访时，她提问的问题让人听上去感觉没有深度，也毫无亮点。就这样，杨澜的第一次高端采访以失败告终！

之后，杨澜找到导师请教：“我该如何改进自己的采访技巧和水平？”

导师没有直接回答杨澜，而是问了一个毫不相干的问题：“让一条鱼身体表面保持湿润需要多少水？”

杨澜答：“用棉签或毛巾蘸上水擦拭就足够了。”

导师又问：“那么，你要养活一条鱼，需要多少水？”

杨澜回答：“至少需要一个鱼缸的水才行。”

“一条鱼真正需要的，只是足以擦湿它身体的那点水，但是你要养活一条鱼，必须要加满一鱼缸的水才行。”导师解释道，“采访也一样，你必须作足100%的准备，哪怕最终要浪费99%的努力。”

这让杨澜意识到，在采访前必须要作好充分准备！

后来，杨澜再次拥有了采访基辛格博士的机会。这次采访之前，杨澜搜集了大量的资料，其中包括基辛格博士的演讲稿、传记、论文，另外还有厚厚的7本学术书籍，也完完整整地看了一遍。虽然这次采访只有27分钟，但杨澜精心准备的问题非常精妙和有深度，让基辛格博士称赞不已。

第二次采访基辛格博士时，杨澜搜集了大量的资料，虽然最终只用在一两个问题上，但很显然，这些事先的诸多准备并不多余。好比是一条鱼，一鱼缸的水看似多余，却能让它可以游向任何一个方向！正是因为前期的充足准备，杨澜才在采访中应付自如。前期准备作得越多，后面就能越从容。

通过这则故事，你能领悟到什么道理？我的感想颇多，整理如下：

把一件事情完成很容易，但把一件事情做好，就要准备更多，付出更多。一个人所做的任何努力，从来都不会被浪费。做够100%，你往往能从平凡者中脱颖而出，踏入人生的更高层次。但倘若你愿意再多花一些功夫，付出200%的努力，时间一久，你会渐渐达到令人可望而不可即的高度。

换一句话说，任何人，不论你聪明才智的高低，成功背景的好坏，也不论你的愿望多么高不可攀，只要你能竭尽全力去做事情，充分地激发自己的能力和潜能，使自己不断发展和进步，你的种种希望和期待才能在生活中具体地实现。一些人之所以比别人活得更有高级感，原因就在于此。

我的朋友孟凡来自某县城的一个偏僻农村，她能力普通，家境一般，却生性好强，她说自己一直想成为一个顶尖的姑娘。

从小学到大学，念了十几年书，考了几百次试，孟凡对每一次的成绩都很在意。就拿大学时期来说，在很多人眼里，“60分万岁”不挂科就好，孟凡却要求自己得高分。当别的同学在寝室玩手机、看电影的时候，她每天毫不懈怠地学习，早出晚归到图书馆上自习，结果她年年都是班级第一名，年年都能拿到奖学金，成了别人眼中的“学霸”，成了学弟学妹们口中厉害的学姐。

大学军训时，虽然孟凡腿伸不直，声音不嘹亮，跑步也不快，但她总是以“标兵”的标准要求自己，“我一定要做到最好，比别人都要好”。当同学们尚在睡梦中时，她每天早早就起来漱口洗脸，因为她要提前赶到操场练习军姿；训练结束后，大家累瘫了，回到宿舍就喜欢在床上趴着，她则一直在练习叠被子，反反复复……后来孟凡比别的同学表现都好，还真成了全校的优秀“标兵”之一。

由于优秀的成绩和表现，大学毕业时，当别的同学都为工作一筹莫展时，孟凡顺顺利利地留校任教。当然，孟凡的专业能力是不容小觑的。由于攻读的是汉语言文学专业，求学期间，孟凡除了日常上课和事务之外，几乎天天“泡”在图书馆阅读国内外的名著，基本上每天的阅读量都保持在8万－10万字。任教后，她更是利用周末的时间在图书馆“进修”。在阅读与思考的过程中，她细细品味其中的精髓，模仿借鉴对自己有帮助的表达方式与论证逻辑，一开始她是在校内的核心期刊发表论文，再后来两次受邀参加省级学术会议，多次被评为“省级优秀教师”。

谈到自己的经历，孟凡娓娓道来：“这世间没有谁的成功是唾手而来的，我也并非天赋过人，只是我愿意用 200% 的准备，去博取那 1%的可能。”

一直以来，我很喜欢“稳妥”的人，这种人遇事不慌不忙，从容不迫，给人一种沉稳可靠的感觉。但没人能生来就处事稳妥，这里的秘诀就是一旦内心认定了要做的事，就用足够的努力去准备、去行动，直到毫不费力地圆满完成它。正如一句话所说：“只有拼尽全力，才能让自己看起来毫不费力。”

付出 200%的努力，将引导你进入一个良性的循环之中。

事实上，许多人的能力都是差不多的，别人不比你聪明多少，你也不比别人笨多少。所谓的差距，就是付诸努力的多少所拉开的。

所以从现在开始，一旦内心认定了要做的事，你就要时刻提醒自己，全力以赴去做，想方设法做到更好，付出 200% 的努力，不遗余力地精益求精，以达到更高的水平。特别是在竞争激励的今日，只有做得比别人更完美、更正确、更高效，你才能更好地生存下去，最终立于不败之地。

如果真能努力地做到 200%，即便结果不一定会赢，输了也问心无愧，不是吗?

不逼自己一把，你的世界永远是黑白的

前段时间，我有幸读到一篇文章，叫作《想象身后有一只狼》：

每一个爱跑步的人，似乎都有一颗参加马拉松的心，他也一样。虽然他是一个年轻力壮的小伙子，但想要跑完全程马拉松是很困难的，于是他参加了专业训练。训练基地处于遥远的郊外，四周是崇山峻岭，每天凌晨两点钟，教练就让年轻人起床，在山岭间训练。尽管他每天辛苦训练，进步却一直不快。

一天清晨，年轻人像往常一样训练，谁知忽然听见身后传来狼的叫声，开始只是零星几声，距离也比较远，但是狼叫声越来越近，越来越急促，好像就在自己身后。年轻人知道，这郊外有野狼存在，而自己不幸被一只狼盯上了。为了活命，他不敢回头，拼命地跑。结果，那天他比任何时间都早到终点，成绩提高了很多。

“你今天跑得比以往都快，是什么原因？”教练问。

年轻人回答：“我听见了狼的叫声。”

教练意味深长地说：“原来不是你不行，而是你身后缺少了一只狼。”

后来年轻人才知道，那天清晨根本就没有狼。他听见的狼叫，是教练模仿出来的。从那以后，每次训练时，他都想象着身后有一只狼，逼迫自己拼命地奔跑，而他的成绩也开始突飞猛进地提高。终于，他第一次参加马拉松比赛，在比赛中，他依然想象着自己的身后有一只狼，最终名不见经传的他不仅在比赛中获得冠军，还打破了世界纪录，一下子成为了世界关注的焦点。

仔细回味教练的话：“原来不是你不行，而是你身后缺少了一只狼。”说明年轻人的潜能原本就存在着，只是没有被激发出来罢了，或许他想要获得成功，但是却没有狠狠逼自己一把的意识，或是不愿意逼自己付出最大的努力。而一只狼的追踪，让他的生命受到了威胁，如果不奋力奔跑就会丢掉生命，所以他不得不逼着自己奔跑，发挥了最大的潜能。结果，奇迹就这样发生了！

你想让自己变得优秀吗？

相信对于大多数人来说，答案是肯定的。因为，当一个人越是优秀的时候，获得快乐、幸福、成功的可能性就越高。但并非人人都能如愿以偿，毕竟在通往优秀的道路上，不可避免地要有挫折，有磨难，有挑战，有痛苦，那是一段异常艰难的时光，不是每个人都能忍受这其中的煎熬。

那么，我们何不假设身后有一条狼呢？

每个人身体里都隐藏着巨大的潜能，科学研究表明：普通人只发挥了自身蕴涵潜力的 1/10，只有 5% 的脑细胞在工作。也就是说，与应当取得的成就比较，我们不过是半醒着的。我们总希望不劳而获，一蹴而就，抱着多事不如少事的心理，经常闲置自己的能量，而没有把自身潜力逼出来。

事实上，当今社会时时处处都充满了竞争和挑战，其威慑力其实不亚于一条狼，容不得一刻的怠惰和荒疏！所以，如果我们想有立足之地，想活得更好，就一定要给自己施加超常的压力，逼自己去做那些不乐意做，但对事业很重要的事情，哪怕摔得头破血流，也要一点点地变好和变强。

关于这一点，其实我个人深有体会。

有一次我跟随艾老师外出讲课，主持人因为突发肠胃炎痛得全身是汗，大家七手八脚地送她去医院，医生嘱咐她需要住院三天。第二天的课程早已安排，不能更改，艾老师当即指派我主持那期活动。我这个菜鸟根本不觉得这是一个表现自己的好机会，而是紧张得要命，因为我从没有主持过，一想到面对几百人讲话，我就紧张得舌头打战。再说，这个活动和以往活动有所不同，需要主持人熟知每一道竞赛题目的问题和答案，而当时留给我的只有一晚上的时间，这简直太冒险了。

我跟艾老师说担心自己出错搞砸了，但艾老师却说："一旦碰到困难就退缩，放弃上进的努力，甘居下游……这样的人永远不可能成功。不逼自己一把，你的世界永远是黑白的。"

听了这话，我只好怀着略带忐忑的心接下了这个千斤重担。只有一晚上的时间，我先在网络上搜索了一下讲座的日常主持词，适当融入了课题内容。虽然整体内容显得很正式，但是不够吸引人。

于是，我又紧扣主题进行了反复修改，使表达变得更准确，语言变得更生动，增强了现场感染力。接下来，我开始一次次练习熟读主持稿，熟知每一道竞赛题目的问题和答案。可能因为太过紧张，我总是记不住这些内容，一度想到了放弃，但一想到艾老师的话，我又提醒自己一定要做好这次主持。就这样，我一直忙碌到半夜两点，即便睡觉前的几秒钟，我都在梳理整个主持的流程。

第二天，活动如期举行。上台之前，我紧张到能听到自己的心跳，我就不停地做深呼吸，提醒自己，从拿起话筒的那刻开始，你就不一样了！也许是之前的准备作得比较充分，也许是心理暗示起到了作用，我的主持很自然，很流畅，使得活动举行得非常顺利，甚至赢得了艾老师的称赞。正是这件事让我认识到，人都是逼出来的，如果没有逼到绝境，也许你不会想尽一切办法，去努力解决问题。

优秀，都是逼出来的。

所以我要告诉你，千万不能只寄希望变优秀，你需要狠狠地逼自己一把，不断地给自己施加压力，或是努力做某件事情直到一个极限，逼自己奋斗再奋斗，忍受一般人忍不了的痛，吃一般人吃不了的苦，直到潜能超乎寻常地迸发出来。也许人生得到的结果，会让你真的感到意想不到，原来自己那么强大。

“温水煮青蛙 ”实验的关键是，要在锅上盖上盖子，防止青蛙跳出来，这样才能煮死青蛙。而我们一旦成为实验中的青蛙，又不能拼力逃出慢慢煮沸的温水，那么最后只有死路一条。想要走出现实的无助迷茫，就得有逼自己的勇气与决心，如此才可能置之死地而后生。

请相信，能真正改变自己处境和人生之路的，只有你自己。对自己狠一点，找到自己身上强大的力量，并且一生不断修正和成长，世界会随之为你打开任何一扇门，如你所愿。

学习是一辈子都不能停下来的事

你从什么时候停止了学习？毕业那一刻，还是在找工作的时候。

离开了校园，你是否认为教育已经结束，你的生活从此与学习无关？

工作几年后，对曾经的自习、备考、笔记等，你是否觉得已经陌生而遥远？

判断一个人能否活出高级感，关键就看他是否在持续学习。

前段时间，我看了一部感触颇深的纪录片——*Becoming Warren Buffett*《成为沃伦·巴菲特》。一开始，我就猜想在这部纪录片中，或许巴菲特会提供一些点石成金的致富秘诀，结果发现影片里的大部分镜头只是记录了巴菲特平常的生活，他褪去身上众多的光环，展露了自己非常真实一面。

当巴菲特还是一个小孩的时候，他就开始阅读和学习所有与股票投资相关的书籍。

在读遍了父亲所有的收藏后，他来到哥伦比亚大学的图书馆，每天绝大多数的时光，他都在书本的海洋里求知若渴地阅读。

几十年如一日，由于长期勤奋和专注的学习，巴菲特在股票投资上收获了巨大的财富，还掌管着全世界最大的投资公司。

走进巴菲特的办公室，这里没有电脑，没有智能手机，只有身后书架上数不清的书籍，而巴菲特每天就坐在那里阅读和学习，这让他一直保持着敏锐的大脑和思维。

即使在84岁的高龄，巴菲特依然每天按时起床，花大量的时间阅读各种新闻、财报和书籍，并且乐在其中。

关于巴菲特读书之多这一点，合伙人查理·芒格曾经评价过："我这辈子遇到的来自各行各业的聪明人，没有一个不每天阅读的——没有，一个都没有。而沃伦读书之多，可能会让你感到吃惊，他是一本长了两条腿的书"。

认认真真看完这部纪录片，我领悟到，成为世界首富并没有什么捷径，一个人若想获得过人的成就，注定与终生学习形影不离。巴菲特正是通过一生致力于学习和研究股票投资，才达到了现在的高度。

万事万物都是学问，一个高级的人总是想要做得更好。对生活，他们不会马马虎虎，而是会主动学习更多技巧，做菜也好，安灯泡也好，通下水道也好，这些都能用钱来解决的小事，他们都不介意一一了解；对工作，他们学习一切知识，把学习当作解决问题的入门途径，把业务当作练手的实践；对感情，他们不会满足于一时的激情，而是向旁人请教，向伴侣询问，他们的目标就是要做到更好。

我观察过自己身边的一些朋友，那些能活出高级感，乃至人到中年时有一定的地位或者在某一领域做得出色的，都是一直不间断学习的人。

我认识的 T 女士，将近 40 岁，一直经营着一家广告公司，年营业额高达几千万元。同时，她还有着美满的婚姻和幸福的家庭，令周围的亲朋好友们都好生羡慕。当我还在给艾老师做助教的时候，T 女士邀请艾老师去她的公司给员工们进行培训。由此我们熟识了，至今还保持着联络。

在和 T 女士打交道的过程中，我了解到，她是一个从没停止过学习的人。她曾表示，当年的自己像个“女汉子”，丝毫没有女人该有的温柔特质，成天和一群男孩子打打闹闹。后来，因为在情场上失意过几次，所以决定改变自己。怎么改变的呢？当然是通过学习。她参加一些专业机构进行的相关培训，看一些有利于提升女性个人魅力的书。很快，聪明的她就掌握了其中的精髓，驾轻就熟地应用在了生活中。随后，便遇到了视她如珍宝的多金帅气的老公。

不仅在感情方面如此，T 女士在工作和事业上也一直坚持学习。她曾跟我聊起当年刚创业的时候，自己对于广告行业了解得并不多。因为她之前只做过 3 年的广告业务员，至于怎么经营公司，怎么管理员工，怎么拿下客户，她除了热情之外，没有什么专业的经验和技能。不过，她并没有就此罢休，也没有跟着感觉走，走到哪儿算哪儿，而是利用业余时间参加了企业管理和广告经营的两个培训班。通过两年多的学习，她的能力得到了很大的提升，在经营公司的过程中，走得越来越顺利。

T 女士对自己在感情和事业上所取得的成就，感触最深的就是不断地学习，过去要学，现在要学，将来也要学。

学习，不能因为学校教育的结束而停止。学习，是我们每个人用最低的成本，提高自己的知识、眼界和人格的最佳途径。我们也许没有办法决定我们的出生和阶层，但是我们所学的每一门知识都像一扇崭新的窗户，为生活带去新的希望和光芒，进而实现个人的提高和突破。

一开始，我不明白为什么许多企业管理者们会不约而同地报考 MBA。工作几年后才理解，就是因为系统的商业管理学习能在短期内改变他们的观念和对现代企业的看法，对他们大有裨益。而他们在学习的过程中，也结交了很多朋友和有专业素质的教师，并受到这些人的积极影响，走出了自己早已形成的单一的生活圈子，总能比他人更早地发现机会，也有比他人更为深刻的见解。

所以，我经常建议身边的年轻人，一定要坚持学习。无论是学习企业管理、演讲口才，还是拉丁舞、桑巴舞，还是学声乐、学烹饪等等，都可以列入日程。用一两年的时间丰富你的头脑和生活，让自己飞跃一下，你会有更高的起点。当然，学习本身绝对不是一件轻松的事，一定要坚持。

可能很多朋友要说了：每天工作那么忙碌，哪有时间学习呀？再说，年龄大了，再学习是不是迟了？如果你有这方面的困惑，不要担心。时间就像海绵里的水是挤出来的，而学习，永远不晚。

曾经在大学需要表演的时候，我发现自己没有什么拿得出手的才艺，这使我一度很是郁闷。当看到同宿舍的一个多才多艺的舍友，经常出现在每年学校的各种晚会上，或唱歌、或伴奏，成为了学校的风云人物之一，认识了不少好朋友时，我更后悔小时候没有去学小提琴，或者跳跳舞、唱唱歌也行。

就在半年前，我报了一个古筝学习培训班。琴行里基本都是小孩子，初次去跟老师沟通的时候，她以为我是给家里小孩报名的，有些尴尬。但我很肯定的是，学习古筝是我的爱好，我不想再拖延，更不想再后悔。

每天晚上，我尽量不玩手机，不看电视，然后抽出一定的时间学古筝。只用了一个月的时间，我已经可以弹出一曲简单的《茉莉花》。今年公司年会上，我不再为没有可以拿出手的才艺而烦恼，而是凭借一首温婉柔情的古筝弹奏，一展风采，成为一个令同事老板都刮目相看的人。

瞧，只要我们不放弃学习，生命的每个时期都是年轻的，美好的。

所谓传奇，不过是水滴石穿的坚持

我认识一位 90 后女孩，名叫晓晓，她虽然年龄不大，但是毕业三年间竟然换了七八份工作，而且从事工作的种类繁多，有客服、活动执行、市场策划专员等，最短的一次只工作了一个月就辞职了。而频繁地换工作也没有给晓晓带来好运，反而更加迷茫，不知道自己究竟该做什么。

当我问及辞职原因时，晓晓说起来头头是道："公司的管理理念和我想的不同""我想换个更适合自己的行业"，但更多的是"领导一直不重视我"。

对此，我给出了自己的意见："每一份工作需要学习的东西很多，如果你每一份工作都是浅尝辄止，什么技能也学不好、学不精，如此怎么可能获得领导的重视？"

其实，晓晓缺少的不是实力和本事，而是沉稳的内心和坚持的毅力。一个人过于心浮气躁，做事情时朝三暮四，凡事浅尝辄止，耐不住性子想问题，东一榔头西一棒槌，从来不肯为一件事倾尽全力，结果只会让步伐慌乱，可能还会后退，前进的时间不但没有缩短反而会加长，甚至一败涂地。

我这样说并非危言耸听，而是有着一番亲身经历的。

在广告公司做文案的时候，我们小组曾经跟过一个非常难缠、非常苛刻的客户，我们几个同事加班加点写的几个文案都被他一次次否决了。两个月之后，我发现不管我们怎么努力，似乎都无法满足该客户的要求，如果继续跟下去的话，无疑会是对大家时间和精力上的无端浪费，于是决定暂停这次合作。

这时候，我们小组的王姐自告奋勇，决定继续跟下去。王姐一直在参与这个项目，之前的每个文案她也有所参与，所以对这位客户也非常了解。我们都劝王姐“没有必要跟下去了”，但王姐却说：“跟了这么久，放弃实在可惜。”之后，她经常一个人去拜访客户，继续潜心地研究方案，仔细地进行分析，终于达成了合作。

当项目上报的时候，同小组的个别成员认为，这次合作并非王姐一个人的功劳，毕竟如果没有我们前期的潜心研究，没有我们前期的文案思路，她根本不可能成功地拿下客户。但最终领导给出的意见是：“业绩和奖金是王小姐一个人的，因为不管你们之前做过多少努力，但是你们最终还是没有坚持下来。”

结果胜过一切，这是市场竞争的要求，无论我们选择忽视还是抗拒，都改变不了这样一个事实：不管差多少你就成功，你都差了一点，那么成功的就不是你了。

我们为什么总是差点就成功了？因为要想成功，就需要沉下心去，够努力，够专注，聚焦一个方向，坚持不懈地努力，成功才有实现的可能。

有一段时间，我把《士兵突击》从第一集到三十集又重新认认真真地看了一遍。主人公许三多将一个军人、一个男人的责任与气度诠释得淋漓尽致，我欣赏这个善良执着、吃苦耐劳又重情重义的角色，但最值得我尊重的是他身上那种“不抛弃，不放弃”的精神。

许三多是一个非常平凡的人，甚至他一开始都算不上一名合格的军人，他懦弱、胆小，作为装甲侦察兵他还竟然晕车，周围的人都比他强，他经常招军友的嫌弃、抱怨，但他却总是不气馁地说：“我一定要坚持到底。”他的打枪水平很糟糕，总是脱靶，他就一次次练习，队友们都回宿舍休息了，他还坚持留在训练场练习，有时一个人练习到深夜。在腹部绕杠比赛中，当其他人都累得陆陆续续停下来时，他坚持做了一个又一个，最终以三百三十三个的成绩打破了纪录。

在坚持不懈的努力下，许三多夜间射击集团军第一；打机枪，两百发弹链一百一十七发上靶；武装越野集团军第一；四百米越障集团军第一；他终于从全连最差的兵变成了排头兵，将平凡变得不平凡。而剧中那些“聪明绝顶”的士兵却反而进步很慢，成长很慢，以至于远远落在了许三多的身后。

每个人都想当第一，但通常做最后一个却更好：最后一个放弃的人，最后一个离开的人，最后一个还在坚持努力的人，正所谓“剩”者为王。

艾老师在培训班上曾组织学员们进行过一次运动——每天坚持甩臂 300 下，并补充说道：“如果谁能坚持六个月，我相信你一定会做成你想做的任何事情。”

在现场，学员们也都爽快地参与了这次运动，当时还有些人质疑，这么简单的动作跟个人的成功有什么关系，毕竟这么简单的事任何人都能做到，包括我。

但一个月后，当艾老师询问学员们是否在坚持时，我发现，只有一半的人举了手。

又过了两个月，当艾老师再次询问时，我发现，举手的人还不到 1/3。

半年后，坚持这项运动的学员只剩下了一位。结果是，这名学员几年后成为了这批学员中最成功的人，目前在国内经营着一家知名的广告公司。这名学员为什么能取得成功出人头地？一开始，他其实并没有什么惊人之举，也没有什么超人的智慧，他只不过比别人更久地坚持了下去。

所谓传奇，不过是水滴石穿的坚持。如果你现在很平庸，那么不妨问问自己：“坚持了吗？”

成功有时看起来遥遥无期，在这种情形之下，如果你选择了懈怠或者放弃，以前的努力都将白费，所有的心血都将付诸东流。相反，如果你告诉自己：挺住了，别趴下。哪怕周围的所有人都离开了，也要坚持下去。当迷雾散去的时候，你会发现，当初的付出和坚持是那么值得。

No.6 在每个细节上做足功夫 你就无懈可击

只需不经意的一个行为，有人已经默默给你贴上了标签。细节是最微妙所在，最容易展现一个人最真实的一面。当你连微不足道的细节都能做好时，一切就美好得无懈可击。

是的！你的形象价值百万

前段时间，我们大学同学举办了一次十年聚会。十年的光阴，同学们多多少少都有些变化，有几个同学还是手持着保温杯来赴约的，大家纷纷感慨“青春不再”。期间，两个人的出现引起了现场的一阵轰动，一个是陈星，一个是刘宜，因为两人的变化实在太大，只不过一个变好，一个变坏。

上学时，陈星是我们班上的“班花”，标准的鹅蛋脸，漂亮的大眼睛，身材高挑苗条，是全班男生觉得遥不可及的女神，毕业后她便嫁给了一个苦苦追求自己的学长，令班上许多男生心痛不已。如今，她的轮廓还带有曾经的痕迹，可是不精致的妆容，苍老的容颜，让她的形象大打折扣，更令人意想不到的是，她的身材臃肿不堪，看着起码有一百四十斤！陈星似乎也感觉到了大家惊讶的目光，解释道：“结婚后，老公说‘你在家就好，我养你！’我开始了自己为期 10 年的家庭主妇生活，下厨房、做家务、带孩子……每一天都是忙忙碌碌的，哪有时间打扮自己？”

而刘宜以前是一个特别平凡的姑娘，身高 157cm，脸上长斑，体型过胖，腿部过粗，她曾经为此伤心难过，后来她开始正视自己的短板，既然矮小，穿搭要绝对上心，她开始学着穿搭衣服，学习化妆课程，她还办了健身年卡，跟着私教进行针对性的塑身。仅用了半年时间，刘宜便脱胎换骨，她翻出自己半年前的照片，自己也惊讶改变竟然如此巨大。之后，她越来越专注于自己的形象，即便生孩子之后，她也丝毫没有放松过。如今，她的妆容自然端庄，身材纤细，衣品简约又干练，整个人看起来朝气蓬勃，活力十足。一时间，居然成为全场最引人瞩目的存在。

参加完同学聚会后，有同学私底下充满感慨地说道：“谁是当初的班花不重要，现在谁最美才是王道！”

不知大家有没有发现，大学毕业后很多同学都会出现分化现象，尤其是女性朋友，一部分日渐枯黄，渐成大妈；一部分反而气质愈来愈佳，愈发美丽动人，我认识不少优秀女性都是后者，她们一般 30 岁上下，举止言谈充满魅力，而且事业有成，已经成为所在行业的精英人物，而她们其实当年在学校里可能就是个很普通的女孩子而已。为什么会这样？主要原因就在于，她们重视对个人形象的管理，个人形象决定了这个人的气质，也决定了这个人的事业和成就。

或许这样的说辞有些残酷，但不得不承认，一个人的形象远比人们想象的更为重要。

因为在成年人的世界里，以貌取人是最为快捷的一种识别人的方式。一点都不难理解，一个人不修边幅，邋里邋遢，会让人第一眼看到就不舒服。相反，一个打扮得适宜得体、干净清爽的人，哪怕穿得并不华丽，也不时尚，都会让人感到愉悦，无论是职场还是情场，他们都会获得更多的机会。

之所以这样，主要是“第一印象”带来的影响。就像英国形象大师罗伯特·庞德说的：“这是一个两分钟的世界，你只有一分钟展示给人们你是谁，另一分钟让他们喜欢你。”事实上，第一印象的建立就像在一张白纸上画画，美也好，丑也罢，画上了就难以抹去，甚至还会左右人的行为和判断力——人们往往会无缘由地将好感和支持给予第一印象好的人，可能是因为“爱美之心人皆有之”。

如此看来，为了这短暂却致命的两分钟，我们尤其要重视自己的个人形象。

在这里，我决定再次提及艾老师。

跟随艾老师工作的时候，他有40岁左右，虽然眼角有了鱼尾纹，头上时常冒出几根白头发，但他每天都会西装革履地来上班。艾老师个子不高，他深知如何显腿长，上衣基本都会选择短款西装，干净利落的休闲裤，得体的口袋巾与领带，每天都会换不同的衬衫，正式的白衬衫，休闲的衬衫，花式的衬衫。那几年，我从未见过他形象邋遢地出现过，他让所有人都觉得自己受到了认真对待。

艾老师一周运动三次，不论工作多么忙碌，也不会懈怠。他说运动带来最大的影响就是让身体更健康的基础上，可以让精神状态更加积极向上。正是这种精英式的个人形象，令他显得更加资深、专业，享誉商界。

有一天，艾老师要去拜访一位客户，让我准备一份相关的材料，跟他一起去。那是个周末，我们约好下午三点见面，我两点半赶到时，穿戴整齐的艾老师已经在门口等我。一看到我过来时，艾老师就皱起了眉头：“你怎么穿成这样来？”我一低头，当时我穿着贴有亮钻的衬衫，带洞的牛仔裤，脚上是一双运动鞋……我试图解释：“上午我和好朋友去逛街了，没来得及换衣服。”

艾老师看着斯文，但说话毫不客气：“我知道你刚刚大学毕业，追求时尚和潮流，但职场上就该有个职场样，就应时刻注重自己的形象……恕我直言，客户想找的是专业人士，你一身休闲地过来见客户，客户会怎么看待我们？一会儿，你直接在门口等我就行了，我不允许你的不专业影响到公司形象。”

那天下午特别热，我站在艾老师旁边像一个犯错误的学生。

接下来，艾老师一副恨铁不成钢的样子，语重心长地说道：“无论是在工作中还是生活中，每一个人对我们的评价都取决于我们的个人形象。假如你能够给客户一个好的个人印象，让客户愿意接受你、认可你，他才会研究你代表的东西。如果客户不接受你，纵使你有最好的东西，也无济于事。你知道吗？这些年来，在我的汽车上随时都备着一套职业装，以备不时之需。”

相信你不止一次地被人灌输“人的魅力在于灵魂”，我可以明确地说，这是一句真话，但还有另一句真话你不要忘记：“但在多数时候，人们只看你的外貌。”

常遇到一些初涉职场的新人跟我抱怨：为什么自己学问高，

知识博，产品好，却输给了一位除了衣着光鲜之外，一无是处的对手？别抱怨，这一切的“凶手”，很多时候都是因为你的外在形象不过关。

人就是天生的视觉动物，即便书的内容一样，我们还是会根据书皮的不同进行选择。明知道颜值不能代表什么，但依然会不自觉地把很多好品质与之联系。

想要成就更好的自己，个人形象是必修课，谁也绕不开。

任何时候都不要忽略形象，你的面容，你的衣着，你的头发，你的指甲，你的鞋跟，每一处都在暴露你的内心，越是细节的部位，越能说明你的品位。当你开始特别关注自身形象，并且时刻以好形象出镜时，相信你会把众人的眼光、信赖、好感吸引到自己身上来，进而节省不少后续的精力。

好仪态让人一瞬间就能充满魅力

如果有人问我：“一个人如何在一瞬间，就能充满魅力？”

我会毫不犹豫地回答：“仪态！”

培根说：“形体之美要胜于颜色之美，而优雅行为之美又胜于形体之美，最多的美是画家无法表现的，因为它是难于直观的。”

的确如此，举手投足是人的体与形、静与动的结合物，是一个人精神风貌的外观体现，最能体现一个人的风度与活力。生活中的人有着各种各样的仪态，不同的仪态给人的感觉有着很大的差别，向别人反映了你是一个什么样的人。不论你在穿衣打扮上如何掩饰，仪态都会毫不留情地揭穿你的“老底”。

试想，一个人行路时弯腰驼背、低头无神、脚步拖沓、步履迟缓，甚至八字脚、“鸭子步”，勾肩搭背，东倒西歪，你是不是觉得他无精打采，没有自信，缺乏风度？相反，如果一个人具有端正的体态，亭亭玉立的站姿，自然放松的坐姿，步伐坚定的行姿，怎会不给人留下美好的印象呢？

奥黛丽·赫本是我最喜欢的女明星之一，除了她的绝美容颜吸引人之外，还因为她超乎常人的完美仪态。赫本从小学习芭蕾，是一个出色的舞蹈演员。尽管她过于高挑纤柔，不过长期的芭蕾训练塑造了她举手投足间的优雅仪态——她喜欢微微地抬起头来，颈部线条看起来流畅而优美。无论站立还是行走，她上身挺拔，肩膀放松，既不向前耸，也不向后塌，这样的身姿看起来更加挺拔和曼妙……赫本的体态优雅，本身具有清新脱俗、富贵典雅的气质，所以银幕上的形象深入人心。

仪态是由什么组成的？动作。站的动作，坐的动作，走路的动作，握手的动作等一连串的动作。在这里，我将对好的仪态进行一些简单说明。

站立的时候，抬头、挺胸、收腹、脊背直，双肩放松，让身体保持一条直线，像一棵松树般挺拔。如何做到？马上找一面墙壁，背靠在上面站稳，最好头顶再顶一本书。站稳，别晃，每天练习半个钟头，直到身体习惯这个姿势。这个练习的好处显而易见，驼背问题解决了，再也不用担心佝偻的身形，而且能帮助你从内到外展现信心与风采，所展现出来的气质也是卓尔不群的！

站好了，可以开走了。走起来的时候，不要小碎步也不要大跨步，不要低头而要直视前方。同样要抬头、挺胸、收腹，双肩放松，手腕放松，自然摆臂，面朝前方，双眼平视，自有一种自信迷人的高贵。如果还找不到感觉，不妨找个你认为走路姿势好的人模仿，一段时间后，你看起来就会挺拔健美。

坐姿由动态转变为静态，形态转变的时候，别人最容易注视你，那么我们该如何坐呢？就座时应缓慢而文雅，轻松而自然地着椅，并坐椅子的3/4左右的面积，坐出精神饱满的姿势，以表示对对方的恭敬和尊重。最好的坐姿是，双目平视，面带微笑，嘴唇微闭，微收下颌，立腰、挺胸，上身自然挺直，双肩平正放松，两臂自然地放在两侧，两腿微微收拢，上半身与大腿、大腿与小腿、小腿与地面都形成直角，这能够保持上身挺直，让整个人显得自信而真诚。

再附赠几条坐姿意见：坐下来的时候最好不要跷二郎腿，这个动作很容易给人留下傲慢自大、不尊重他人的印象；懒懒散散地靠在椅背上也会让你的形象打个对折；双腿不断抖动，你觉得舒服，却是代表你不成熟的标志动作；总是变化姿势，时而交叉时而分开，会让人觉得你想马上离开。

谁都有掉东西的时候，当身处公众场合，不得不低身取物或俯身拾物时，你一定得注意蹲的姿势。蹲的姿势有很多种，高低式蹲姿、半跪式蹲姿、交叉式蹲姿，无论采用哪种蹲姿，无论你是男士女士，都要注意将两腿靠紧，臀部向下，使头、胸、膝关节在同一个角度上，看起来自然、得体、大方。

在社交场合，握手是最常见的一种礼仪行为。握手时要面带笑容，目视对方，然后再握手，这是一种能力强、有自主意识的表现，其目的是要使对方在心理上居于下风，能够引起对方注意，以获取对方对自己的好感。对于公关小姐或其他长期从事接待、交际工作的人来说，这种握手方式非常有用。

仪态之事，说少不少，说多也不多，只要按照以上动作，多多练习，多多实践，不偷懒，不要小聪明，你一定能成为仪态高手，给人留下彬彬有礼，热情大方的好印象。但学习礼仪绝对是一个吃苦的过程，庆幸的是你吃的苦越多，结果就越好。

读中学时候的我，因为坐姿不好以至于经常佝偻着后背，虽然不算严重，但被我那颇为讲究的母亲给批评过几次。她还告诉我说："一个人可以没有锦衣华服，可以没有胭脂水粉，但不能没有一个好的仪态。"受母亲的影响，我从少女时代就开始有意识地注重仪态了。到了20多岁的时候，就更加注意。如今，在办公室工作的时候，不少同事看电脑时常常会不自觉弯腰、脖子前倾，但大家永远不会看到我含胸驼背的样子，我总是坐得笔直笔直的，样子看起来很精神。

何苗是我认识的一个年轻姑娘，曾问我："如何像你一样，有这样好的仪态？"

"最简单的办法，你试着去做礼仪小姐，一定要做正规活动的礼仪小姐。"我回答。

听到这个建议没多久，何苗真去了一家公司当礼仪小姐。但是没几天，她就开始抱怨："公司把我们送进一个短期培训班，学习的内容是如何站立、行走、落座、握手、说话、接物，甚至连接电话的声音都有严格的规定。我发现，之前每一个自认得体的动作，都有数不清的毛病，而且一天下来腰酸背痛，瘫在床上起不来，还要想着老师说的，'时刻都要留意自己的每个动作'。"

工作三个月，何苗薪水少得可怜，累得瘦了一大圈，但她认为“太值了”，因为现在的她不论出席什么场合，都能昂首挺胸，落落大方，根本不用担心自己的某个行为会不雅或让人不悦。这种标准曼妙的仪态，不但让她赢得了周围人的欣赏和欢迎，还为她送来了甜蜜的爱情和美满的婚姻。

现在就搬出一面镜子，重新审视你的身姿风度，补一堂专业的仪态课，让自己在举手投足之间散发出无与伦比的魅力吧。

女王都有自己的特殊“道具”

那年我读大三，和班上所有女生一样，我最喜欢上严莉女士的课。

严莉女士是我们的社会学老师，她大约有40岁，瘦弱矮小，鼻子塌，脸上有雀斑，在外貌上，实在算不上一位吸引人的女性，但我们偏偏都喜欢看她，因为她的每一次亮相总让我们每个女孩大开眼界。严莉女士总是穿着裁剪大方的套裙，但脖子上的丝巾每次都会换，有时长有时短，有的还配有造型别致的丝巾扣。取下丝巾，每次的项链也不一样。还有手上戴的戒指，她戴鸡尾酒戒指、图章戒指、嵌珍珠的木质宽手镯……这些饰品如此与众不同，每一个都让我们回味无穷。

在严莉女士的影响下，我开始留恋在小巷深处的那些小店，淘宝似的寻找那些被冷落的饰品，项链、耳环、耳钉、镯子、戒指、脚链、丝巾扣、发卡……出去旅行的时候，我也总会将旅费的一部分换成具有异域风情的首饰，有的平淡而有古味，有的夸张却有鲜明的格调。每一次佩戴它们，我都能发现，一件合适抢眼的配饰能够瞬间提升美感，赢来赞美的目光和羡慕的询问。

有人说“细节是魔鬼”，越是细微的地方，越要注意。要想让自己的形象更出众，成就更好的自己，不仅要打造良好的个人形象，还要善于利用特殊“道具”，也就是所谓的佩饰，配搭好各个细节。佩饰，是点缀。一个“点”和一个“缀”字，把饰品所赋予的意义很准确生动地表达了出来，即给红花几片绿叶，把花儿衬得完整并变得生动，这是一种不可抵挡的细微处的魅力。

一般来说，佩饰可以分为三类：

第一大类是首饰，通常泛指全身的小型装饰品，包括耳坠、项链、手镯、戒指、发卡、头簪等。在现代生活中，眼镜、手表、胸花、发带之类也延伸到首饰系列里。

第二大类是衣饰，一般指项巾、领带、腰带、头巾、披肩、纽扣等，它们的艺术魅力主要来源于色彩、图案、质料和造型，能产生多种艺术效果。

第三大类是携带物，诸如挎包、提包、雨伞、扇子之类，如今这些实用性的物品，正日益起着不能忽略的装饰作用，带来意想不到的艺术情趣。

要在纷繁的配饰中挑选最美的，几乎是不可能的。有一句经典的爱情名言曾说：“最好的并不是最适合你的，最适合你的才是最好的。”所以，在选择配饰的时候，你要考虑佩饰的点、线、面是否与你的肤色、体形相配，哪些是你需要的元素，并且根据自己的气质和服装进行搭配。

配饰既可以单一使用，也能够多重使用。多重使用，应该是你在购买时选择的重点。什么是多重使用？在场合上，可以用在晚装、日装、职业装等两个以上的场合；或色彩上可以与两个以上色彩的服装相搭配；或质地上，能配合两个以上季节的服装。这样既可以风格多变，又可以节约开支。

台湾第一美女林志玲，相信没有几个人不知道。提到林志玲，你会想到什么？窈窕的身材？甜美的笑容？软糯的声音？优雅的气质？殊不知，人家还戴得一首好配饰。对此，林志玲表示，"很多艺人会花大量的金钱和精力在选购服装上，但我认为好的佩饰，往往能够使一件平淡无奇的服装绽放出亮眼的光芒。我选择的佩饰风格多变，大多是根据场合及造型的需要，精心搭配的。"

比如，我曾买过一本女性杂志，封面就是林志玲。只见她穿着一件米色的蕾丝长裙，手拿一款蓝色的晚宴包，搭配的是一款V型的长款水晶项链，微卷的长发放在肩后，露出两个细链条的及肩耳环。她本就身材高挑，加上华服与配饰的衬托，整体造型高贵而大气，让她越发靓丽与出众。

在这里，我还要提醒大家一点，配饰只是起到画龙点睛的作用，使之与自己所要展现的气质更为合拍。因此，我们要本着宁缺毋滥的原则，不要为了饰品而使用饰品。一般来说，一两件是精巧的装饰和点缀，就可以很好地衬托出不俗的气质，多于三件则显得庸俗，反而会使气质大打折扣。

还有，隆重的社交场合要配佩在日常生活中佩戴。不过，有时也可进行巧妙搭配。比如，用高档的配饰配普通的服装，可提高服装的品质；将高品质的服装与低价格的配饰搭配，可提高配饰的品质。如此，不但能尽显自己的华丽高贵，而且恰到好处，不会喧宾夺主。

生活可以简陋，却不可以粗糙

刘嫂和我们住在同一栋楼里，通过几年的相处，我对她的印象很深刻。

刘嫂是一个全职太太，非常节约，她几乎每天都在研究各种打折商品，附近哪家服装店价格便宜、菜市场什么菜打折，你去问她，她立刻可以报出来。平时在家里，她也是省水省电省气各种节省，家里的角落永远都有买菜的塑料袋用来装垃圾，她甚至经常吃剩菜、剩饭，一连可以吃两三天。

刘嫂一直对自己很吝啬，她最经常说的两个字就是——“浪费！”

刘嫂的老公是跑长途运输的，经常不在身边，偶尔回来要带她去看电影，她说什么也不愿意去：“看什么电影？有这些钱不如给儿子存起来。电影票好几十，不如在家里看电视。”

在楼下闲聊时，刘嫂经常唉声叹气，抱怨老公工资低，生活压力大，有时说着说着，她就急匆匆“闪人”了，她还赶着去菜市场抢购打折的菜做晚饭……

听说，刘嫂最近在和婆婆冷战，因为她婆婆抱怨家里连着吃了一个星期的炒土豆，实在没有胃口了。而刘嫂却说，因为土豆大减价她才买了一大袋，她只是想省点钱，却得不到家人的体谅和理解，这让她感到委屈。

我曾委婉地提醒过刘嫂："人要学会适当享受。"

刘嫂却是一脸的无可奈何："我们的经济条件跟不上。"

对此，我想告诉刘嫂的是："不是所有人的条件都比你家好，只是你对生活丝毫没有精心的准备，才把人生彻底活成了廉价两个字。"

生活就像一片蕾丝布，经不起粗糙的抚摸。我们提倡节俭是一种传统美德，但是如果节俭过了头，应该享受的不去享受，应该见的世面没见到。久而久之，你会觉得做什么事都没意思，没有任何乐趣可言。如此，你的生活看来不仅仅是粗糙的等级了，甚至已经可以说是糟糕的层面。

想必每个人都渴望更好的人生，但现实是，绝大多数人就像亲爱的刘嫂一样，总认为好的人生是有钱人才能配得上的。自己的困境完全与金钱有关，在劳累与压力中把日子过得越来越马虎。但我认为，一个人过得好不好，与所拥有的物质财富的数量不能画等号，粗糙仅仅是由于你的内心。

好生活本身，没有什么高深的内涵，它仅仅要求你在生活中足够"用心"。什么是"用心"？就是对生活的每一个细节都有足够的重视，都尽量做到更细致，更舒心。比如，时常用美味而新鲜的食物犒劳自己，在周末的时候去看电影或与朋友聚会，每天睡前翻一翻书本，休息时看看电影、听听音乐……懂得这些，就是成就更好的自己的第一步。不论内心还是外在，都会开始改变，变得不那么廉价。

是的，你未必好运到含着金汤匙出生，也未必就有超强的赚钱头脑和工作能力。很多时候，你和大多数的人一样，只是一个普普通通的工薪族。你需要每天上足 8 小时的班，甚至可能经常付出额外的加班时间；你每个月拼了命也只能赚几千块钱，却还背负着房贷、车贷——这就是你的生活。

但你也必须认识到一点，生活可以简陋，却不可以粗糙。

徐萌是我大学时的一位舍友，她出生在一个贫困的家庭，父亲因为腿疾在老家一所企业当保安，母亲一边料理家务，一边照料三个孩子。她的家是常人无法想象的困窘，据说学费都是乡里资助的，但是我发现，她的杯子、饭盆、书桌等总是擦拭得纤尘不染，洗得发白的床单总是铺得整整齐齐，她还会隔三岔五在校园里摘些野花，拼出一个造型别致的花束，插在宿舍窗户前的花瓶里。

我曾经问过徐萌："你有没有抱怨过生活？"

徐萌微笑着讲述了自己的经历："年幼的时候，家里经济十分困难，勉强可以养活我们姐弟三个，我们几乎没有逛过商场，更没穿过商场的衣服，但是我的妈妈总会亲手给我们做衣服，带有荷叶边的裙子、喇叭袖白衬衫，一针一线都非常认真细致，比外面卖的便宜好多，也要好很多，总是令同学们羡慕不已。我问过妈妈为什么要这么费劲，妈妈笑着告诉我‘生活可以简陋，但却不可以粗糙’。”

“10 岁前，我不知道什么叫家具”，徐萌继续说道，“我们家买不起家具，但这些困难并没有让妈妈沮丧，她把别人丢掉的木箱、木条、铁皮都拾掇起来，敲敲打打，慢慢的有了桌子、书架、柜子和沙发。因为技术不到家，这些家具看起来有些难看，后来妈妈买了一些彩色的布料盖上去，布置出了一个温馨浪漫的小家。这些布料一用就是好多年，虽然颜色洗淡了许多，但永远都是洁净的。”

生活原本是一杯水，贫乏与富足，权贵与卑微，不过是个人根据自身情况为生活添加的调味剂罢了。有人爱刺激，把它做成多味酱；有人喜欢甜蜜，给它加点糖；有人喜欢甘香，便把生活泡成茶；有人喜欢苦中作乐，便把它冲成咖啡。当然，也有人喜欢淡淡的白水，什么也不加，却品出余味清香。

对于这种人而言，哪怕是一个细微的幸福，他们也能够将其无限放大。哪怕只是粗茶淡饭，他们也能吃出别样的味道。他们会想尽自己的能力给自己更好的生活，即使暂时贫困，暂时低谷，没关系，依然要在贫困中寻找情调，做到不为生活所累，进而让思想和生活一天比一天更有层次。

这是一种情调，是对生活的肯定，是对自己的爱护。

所以，我觉得对一个人最大的褒奖不是“你是个有魅力的人”，不是“你是个受欢迎的人”，而应是“你是个有情调的人”。

生活需要一些仪式感

我和闺蜜思敏是高中认识的，当时我们被分在一个班，朝夕相处，彼此了解，之后成为了很好的朋友。这些年，我们一起经历了高考、上大学、恋爱、失恋、找工作、辞职等诸多事情，虽然期间彼此的一些故事曾在不同的城市上演，但我们总能创造出一个又一个聚会的理由，并且乐此不疲。

高考结束之后，我们来了一场说走就走的旅行。当然，由于当年条件有限，资金少，年龄也比较小，我们只是一起简单旅行了一次，可以理解为一日游。

我们的大学，在不同的城市，但是每逢对方生日的时候，我们都会去对方的学校，送上一份精心准备的礼物。我们的礼物并不贵重，有时是一本书，有时是一支口红或者一件衣服，却能感觉到彼此的珍惜。

工作之后，如果没有极特殊的情况，我们会固定在周六相约，放下手机，好好说说话。

签第一笔单，做好第一个大客户，跳槽到一个更好的公司……这些年工作上的每一个进步，我和思敏都会庆祝一下，有时是去吃一顿大餐，有时是去看一场电影，有时是去商场挑一件礼物作为奖励。

甚至，我们连分手都是有仪式感的。一段感情走不下去的时候，我和思敏一定会当面跟对方说清楚，一起吃一次散伙饭，然后彼此祝福。

有同学得知后，私底下说我们过于矫情，我不赞同，我们只是讲究仪式感罢了。

仪式感不是矫情，而是来源于对生活的热爱。我们只是通过一些仪式感的行为来提醒自己，生活除了眼前的苟且，还有诗和远方。

真正的生活需要一些仪式感，这是我一直坚持的生活理念。

在著名童话《小王子》中，有一幕对仪式感的描写，令我印象深刻。

小王子驯养了一只狐狸，第二天小王子去看望它。

“你每天最好在相同的时间来，”狐狸说，“比如说，你下午四点钟来，那么从三点种起，我就开始感到幸福。时间越近，我就越感到幸福。到了四点钟的时候，我就会坐立不安；我就会发现幸福的代价。但是，如果你随便什么时候来，我就不知道在什么时候该准备好我的心情……应当有一定的仪式。”

“仪式是什么？”小王子问道。

“这也是经常被遗忘的事情。”狐狸说，“它就是使某一天与其他日子不同，使某一时刻与其他时刻不同。”

当对生活的爱，变成一种在乎和重视的时候，仪式感是唯一的表达。这种仪式感不必华丽，也无须刻意，当我们有意识地感受、去珍惜时，就可以每一天生活得与众不同。就算是再平常的小事，带着仪式感去做，也能在平凡枯燥的生活中，增添了一份惬意和美好。我想，这样就够了。

比如，我们春节要贴春联、放烟花，端午节要赛龙舟、包粽子，中秋节要吃月饼、赏圆月，清明节要给先人扫墓、献花，这都是生活中最常见的仪式。当我们认认真真地遵循这些看似简单的仪式时，原本平淡无趣的生活会变得充满盎然，令人期待，不是吗？

对于有仪式感的人来说，即使生活一地鸡毛，他们也能过成阳春白雪。

我认识这样一对中年夫妇，丈夫是朝九晚五的上班一族，工资不高。妻子则体弱多病，常年吃药，赋闲在家。他们唯一的女儿，远嫁他乡，一直不在身边。

每天早上，人们都会看到这对夫妇并肩走出小区，一边走一边哼唱着小曲。小区门口有一块空地，春天时会开出一大片野花，先生几乎每天都会摘下一朵野花送给妻子，有时还会轻轻地将野花别到妻子的头发或衣服上，举手投足间透着对妻子的关爱。而妻子看着丈夫，脸上也洋溢着幸福的满足。

当丈夫说出自己想吃的饭菜时，妻子一定会记得，并且在下班后做给他。狭小的厨房里，妻子不停地忙碌着，饭锅里正冒着热气，厨房里氤氲着一层饭香的烟雾。而丈夫也不闲着，浇花、收拾房间、扔垃圾等，两人有说有笑，消除了一天所有的疲劳，绵延出了无尽的满足与幸福。

……

几十年来，无数个朝朝暮暮，他们都是这么平静地生活着。岁月在他们脸上毫不留情地留下了皱纹，然而他们仿佛还是热恋中的少男少女。虽然没有一束束的玫瑰花，虽然没有一起吃过烛光晚餐……但他们的爱是那么朴实、那么真切、那么贴心，令我生出一种“执子之手，与子偕老”的感动。

无论生活多么艰辛、多么忙碌、多么平淡，我们都不能少了仪式感，毕竟这是生活赐予我们最好的礼物，我们由此也终会发现幸福的所在。

真正的奢侈是简约，它是一切好的基础

去年我一直忙着装修新家，装修伊始，我就陷入了一人串的纠结中："是选择欧式风格，还是复古风格？""家具是选实用的，还是时尚的？"……我希望自己的新家看起来高大上，能彰显高级的品质，但很快就发现，这真是一件比较麻烦的事，又要设计风格，又要挑选家具，还要货比三家，而老公工作太忙顾不上，我一个人挑着大梁，时常感到心烦意乱，各项工作进度也都慢了下来。

在一位朋友的推荐下，我开始接触插花，跟随一位老师学习，也亲自动手实战。隐约中发现，凡香气极盛的花卉，如桂花、玉兰、夜来香、百合花、栀子花、七里香等，都是白色的，即使有颜色也是非常素淡。反而那些颜色艳丽的花卉，像兰花、玫瑰之属，就没有什么香味了。这，真是一个比较惊喜的发现。

顺着这条线索搜索，继而发现了林清玄写的一篇散文——《香

花无色，色花不香》。林先生说：“一个人在年轻的时候，很少能欣赏素朴的事物，却喜欢耀目的风华；但到了中年则愈来愈喜欢那些真实平凡的素质……面对外在世界的时候，我们不要被艳丽的颜色所迷惑，而要进入事物的实相，有许多东西表面是非常平凡的，它的颜色也素朴，但只要我们让心平静下来，就能品察出这内部最幽深的芳香。”

读毕无比动容，简直就如指路明灯一般为我拨云见日。

真正的奢侈是简约，它是一切好的基础。

这是我自己总结出的一句话，大家可以将这句话理解为：越是好东西，越是简单朴素，就好比清水出芙蓉，不需要任何的粉饰雕刻，便会展现出其天然之美。装修也是一样，有时候复杂的设计风格令人眼花缭乱，而越是简约的风格，越有味道，越有格调，越能给人带来高大上的感觉。

这不禁让我想起柚子，柚子外表一般，穿得也普通，尤其钟情于简单的白衬衣、牛仔裤。有时，我们会质疑柚子疏于打扮，但柚子却笑笑说：“这样很舒服呀！轻便、舒适才最重要，而且百搭不用费脑！”柚子的衬衫并不一定是某名牌，但这种简约、舒服的着装，让她整个人看起来精干利落，她的眼光平和，笑容真诚，站有站的气场，坐有坐的端庄。

柚子的家也是一样，浅咖色的墙纸，简单的墙面，挂着几幅抽象的画，没有过多的造型和装饰，一切都是那么简洁大方。还有我最喜欢的木质书架，书架前面是舒适度极佳的米白色的布艺沙发，虽然看起来简单，样子也不算新潮，却极具品质感。阳光洒进来的时候，坐在那里看书，真是惬意极了。

简约是一种生活的艺术，是复杂之后的精简，华贵之后的典雅。有着“21 世纪新生活导师”之称的珍妮特·尔斯认为：“它是人们深思熟虑后选择的生活，是一种表现真实自我的生活，是一种丰富、健康、平凡、和谐、悠闲的生活，是一种让自然沐浴身心、在静与动之间寻求平衡的生活，是一种无私、无畏、超凡脱俗的崇高生活。”

真正的奢侈是简约，它是一切高级的基础。

清楚了这点后，我明白了，装修的最高境界，不是精心设计的繁缛豪华，亦不是各种材料的简单堆砌，而是崇尚形式上的简约。它和“自然”和“舒适”有关，简约而不简单，平淡而不平凡。例如选用一张桌子，有人注重颜色与造型之美，有人则比较注意它是紫檀木或是乌心石的材质。

家装如此，许多事情，亦然。

No.7 活得更好不是甲胄加身 而是内心建篱种菊

人生的最高境界是精神追求，是在看清了生活的真相之后，依然热爱生活。越是经历过岁月的打磨，待拥有了细腻恬静的情怀，越给人一种活得更好的感觉。

世界越是浮躁，你越需要内在的平静

我认识的一位朋友是心理咨询师，长期解决各种心理问题。听说，这几年他接待的“患者”主要的精神反应便是紧张和焦虑，神经好像绷了根上紧的发条一样，心里莫名其妙爱起急，一天大部分时间心里不踏实。

朋友曾问过这些“患者”同一个问题：“什么是人生美事？”人们大都列出一张清单：美貌、健康、权力、才华、爱情、财富……

听到这样的回答，朋友总会摇摇头，然后开出一剂“良药”——保持心灵的宁静，并叮嘱道：“没有它，上述种种都会给你带来极大的痛苦！”

至于原因，朋友解释道：“世界越是浮躁，你越需要内在的平静。”

是的，这是一个纷杂喧嚣、充满诱惑的世界，票子、房子、车子、金钱、名誉、地位……人们习惯了只争朝夕，都拼命地向前奔跑，生怕稍有懈怠就错失了良机，遗憾终身。结果，我们的步伐越来越快，每天的内心好像被填得满满的，如一团乱麻理不出头绪，如此自然心累体衰。

检查一下生活，相信你会发现许多例证：没有老婆的时候想老婆，有了老婆想儿女；没钱的想有钱，有了钱想要更多的钱；有了病想健康，有了健康又想长寿；打工时想升职加薪，升职加薪后又想自己当老板……渴望得到的越多，反而一辈子将自身置于忙忙碌碌之中。这样活着，未免太累!

唯一可以改变这种状态的办法，便是保持心灵的平静。世间万物皆有心，天有天心，天心静，则万籁俱寂，幽然而静美；人有人心，人心静，则心若碧潭，静如清泉……心静是心安的起点，你会发现自己会从紧张焦虑的情绪中解放出来，生活有了保障和动力，才能成就更好的自己。

当然，以上心得都是我的朋友教会我的，也就是那位心理咨询师。

工作了五六年的时候，我已经做成了很多事，搬进了新房子，买了新家具，定了结婚的日子，工作步入了轨道……但我的内心却迷茫又焦虑，我焦虑房贷，焦虑怎样工作才能有所突破，焦虑如何快点过上无忧无虑的生活……得知我的心理状况后，朋友邀请我一起做了一期短期旅行。

我们自驾到一个叫“传奇庄园”的生态庄园，这个庄园在偏远的山区，我们需要经过一段很长很长的山路。一入山路，朋友开车的速度明显降了下来。

这条山路虽然坡陡弯急，但是路面非常平坦，我平时的性子就比较急躁，也希望尽快赶到那个庄园，便催促朋友开快一些。

“放松点，朋友。”朋友笑着对我说。

“别在路上浪费时间，我们早点去，能多玩些。”我坚持要开快一些。

朋友依然不紧不慢地开着车，在路上遇到有附近的农民赶着羊群经过时，他居然将汽车停在了一边，给这些羊群让路。期间，他还和一位农民热情地聊了一会，并且依依不舍地告别。我很是焦虑，不断地催促着朋友赶路。

又一次上路了，我们走到了一个岔道口，朋友说西边的路绵延百里，虽然窄小，却有漂亮的野花，可以边走边欣赏风景。而我坚持要走东边的路，因为导航显示这条路宽敞，而且距离更近。但我最终没有执拗过朋友，面对路边绿油油的草地、漂亮的野花，朋友满心喜悦，而我却视而不见。

最终，我们在中午的时候赶到了目的地，这所庄园在山里位置最高的地方。看着庄园里种植的大面积的薰衣草、向日葵、波斯菊花海，我紧绷的心才放松了下来，同时眼睛也不自觉地瞄向山下，竟然发现路途的湖光山色竟如此美丽，可是这一路走来我只顾着赶路，居然完全没有发现。

这时，朋友在旁边提醒道：“别走得太快而忘记了出发的目的，别走得太急而忽略了沿途的风景。”我明白了，这段时间我太急于求成了，急着争名夺利，几乎没有一分钟是清静的、清闲的，内心时时刻刻受到外部世界的冲击，却忘记了适时停下来整理一下内心，放慢脚步享受生命的过程。

人生的旅程就像坐火车一样，从起点到终点，有的人埋头看书，有的人玩牌喝茶，有的人欣赏沿途的风景。到了终点站以后，每个人的收获都各不相同，有的人说太闷了，有的人说太无聊了，而有的人却说路上的风景太美了。显而易见，收获最多、心情最愉快的是那些沿途看风景的人。

明白这些道理后，我也经常提醒身边的朋友："既然我们有机会来到这多彩多姿的世界，就应该像一个旅行家，不仅要跋山涉水走完旅程，更要懂得欣赏与流连。活得真正尊贵的人往往能在闹中取静，能以平和的心态、平静的心情来面对这个兵荒马乱的世界，这就是'大隐隐于市'的境界。"

这个世界很浮躁，但我们一定要保留一份能平静下来的能力。任这世界再喧嚣浮躁，也浮躁不了自己。这样，你就成了熙攘都市里的智者，仿佛自己就是这个世界的局外人，可以挥去拥挤的人群和吵闹的噪音，只做沿途看风景的人，进而化解所有的紧张和焦虑，体味到生活的清闲和美妙。

正值下班时间，来了一场突如其来的大雪。道路变得湿滑，一辆公交车也打滑了，横在马路中间，造成交通拥堵，行人匆匆忙忙赶路，其中不乏形式各异的狼狈之相，还不时有人抱怨："这雪下得真不是时候。"

只有我一个人，不紧不慢，甚至是一副从容的姿态，在雪中踱步。

旁人问："你怎么不着急赶路？"

我微笑着，缓缓答道："急什么，我正在赏雪景呢！"

心静了，那一刻即见内心的花团锦簇，无须跋山涉水、上下求索。

能闻到梅香的乞丐也是富有的人

生活中，我见过太多人把自己的不幸归为穷："同事每年换一个LV包，我活了30年了，却一个都买不起，活得太失败了。""混了这么多年还买不起房子，我这一天天怎么可能高兴得起来？""上司不认可，同事不欢迎，如果我能像某某一样有钱就好了，我一定过得比现在好多了。"……

"我之所以不幸，就是因为我穷。"这话说得多么理直气壮。

没错，我们生活中的不幸，很多时候都与物质有关，但物质只是创造幸福感的一种因素或条件，我们幸福的根本其实在于内心。

我曾在一本杂志上，读过这样一则故事：

一个富翁坐拥百万资产，并拥有一栋豪华住宅，但是他时常觉得生活痛苦，因此寝食不安，闷闷不乐，他觉得等将来更有钱了，一切就好了。

一个冬日寒冷的清晨，富翁打开大门准备出门，突然发现墙根站着一个衣衫褴褛的乞丐，他在寒风里冻得直打抖，抬头看着从墙头伸出的几支梅花，脸上挂着十分满足的微笑。

富翁很奇怪，不解地问："你在这里做什么？"

乞丐回答："先生，您家的梅花，真是非常芳香！"说完，转身走了。

富翁惊诧不已，一个乞丐也会赏梅花吗？而且，花园里种了几十年的梅花，为什么自己从来没有闻过梅花的芳香呢？于是，他也学着乞丐站到墙根下，抬头小心翼翼地嗅着梅花，他终于闻到了一股幽雅而细腻的芬芳，然后他濡湿了眼睛，流下了感动的泪水，为了自己第一次闻到了梅花的芳香。

在这个故事中，百万富翁和乞丐，物质上显然不成比例，但在精神的愉悦上，后者并不见得会比前者少。由此可见，好的物质条件不一定能使人成为更好的人，而坏的物质条件也不会遮蔽人精神上的高贵，一个人没有钱是值得同情的，一个人一生都不知道梅花的香气更值得悲悯。

能闻到梅香的乞丐也是富有的人，高贵不在于摆脱物质上的匮乏，而在于摆脱精神上的苍白，以此更好地体验生命的活力与精彩。

其实说白了，幸福与一个人所拥有的物质财富的数量不画等号，幸福是一种对生活的认同和心灵的感受。很多人一直觉得自己过得不幸福，只是因为久处尘世，内心渐渐地麻木了，看不到很多美好的东西。如果我们能用心去感知，就会发现，身边的一草一木，日常的一蔬一饭，皆是幸福。

我的同事莉娜相貌不出众，才能不拔尖，是一个各方面很普通的女人，但她却是圈子里最有魅力的。不为别的，在生活中她总是微笑着，看起来十分快乐。有人说，这是因为莉娜有一个能赚钱的老公，她过得衣食无忧，但我却知道，莉娜只是善于从微不足道的小事中发现幸福和快乐罢了。

有一次，莉娜坐在工位上，忽然抿嘴笑了起来。

“莉娜你笑什么呀？”我好奇地问。

莉娜用手一指办公室的窗外：“你看那个树上挂着一个鸟窝，鸟窝上粘几片叶子，还有那个树枝，看起来多有意思。”

我瞧了瞧，并不觉得有什么可笑的。

莉娜就用手机拍下来，给我看。我再仔细一瞧，照片上显示出一个笑脸，那是由鸟窝、树叶和树枝组成的。这么一个别致的笑脸，每天挂在办公室窗外的树上，发现的只有莉娜一个人，她就比我们快乐得多。

内心始终充满美好，眼下便是幸福生活。

亚马孙河流域的热带雨林里，有一种藤本植物生长在被高大茂密的树木遮蔽得严严实实的林子里，终生难以见到阳光。但这种植物练就了一种特殊本领：它们能抓住从树缝里透射进来的一点点阳光，瞬间开出绚丽的花朵！哪怕是缝隙里透过来的一点“阳光”，也要将自己的幸福彻底绽放。

幸福是每个人都需要的，要想将平凡的生活活出一些味道，我们必须得学学亚马孙河流域热带雨林里的藤本植物，有一点阳光就尽情地灿烂。积攒身边每件小事带来的幸福感，你会发现，忧愁和压抑感会自然从内心深处消失，生活已然发生了奇妙的变化，处处飘满了幸福的花香。

列出能让你切实感觉到幸福的小事吧：

泡个热乎乎的澡澡；

大冬天在被窝里看电影；

烧拿手好菜给心爱的人吃；

享受清晨的微风；

听一首小夜曲；

独酌一杯小酒；

……

物质的丰裕不会让你比常人过得更好，而当你能用心追求精神上的高贵时，往往就能活得比其他人更富有。

童心未泯是一件值得骄傲的事

童话与真实，这是一个很棘手的话题。从童话里，我们知道纯洁的女孩会遇到英俊的王子，善良的人会过上幸福的生活，天使会保护有爱的人……但当我们渐渐长大会发现，童话往往不是真实的，真实的人生复杂多样，似乎让人年龄越大，闲暇越来越少，繁重越来越沉，眼神也越发浑浊无神。

即便如此，我们可以留意一下，生活中仍不乏眼神明亮、清澈的人，不管他是风华正茂的年轻人，还是年过半百的老人，都会有一种难掩的神采，令人看了赏心悦目。

这些人，往往有个共同特点：保持着一颗童心。

北漂六年，我最感谢的两个人就是艾老师和 L 女士，艾老师对我事业上的帮助很多，而 L 女士则教会我如何活得更好。L 女士是我在一家企业的直接领导，她是一个超级理性、思维缜密的人，对行业有独特的见解，做事雷厉风行，工作上能独当一面，但是在工作之余，她却是一个超级 Hello Kitty 控，她的办公室放着好几个卡通玩偶，音响、水杯等通通都是粉色的。第一次知道她有这种爱好时，我确实被惊到了，因为这根本不像日常界定的女强人形象。

这份工作非常体面，薪资待遇很不错，所以我十分珍惜，也希望能有一番作为。入职前，我把自己的七八个玩偶和“太少女”的衣服一起打包寄回家，要求自己必须穿高跟鞋和职业化的衣服，觉得这样才能显得更专业。我努力地把少女心藏起来，也把自己的脆弱、任性和不成熟藏起来，因为怕别人觉得自己是个小女孩，我希望自己学会用成熟的状态面对工作，让自己冷静、理性、耐心和坚强……我把这些当成成长的代价，但当我逼着自己努力拼搏时，却又时常倍感无力。

如何改变这种状态呢？我百思不得其解。

直到有一次，我和L女士一起去外地出差。期间，我亲眼所见，L女士穿着背带裤站在阳光下无拘无束地大笑，和遇见的小孩一起玩丢沙包的游戏，坐在大街上吃冰激凌……无疑，她现在就是一个状态超好的万年少女。期间，我们倾谈了许久，她告诉我：“每个人都要长大，也许是工作和生活的压力，但一个人最好始终保有一颗童心，始终拥有洞察这世界的清澈眼睛，还有发自内心灿烂的笑容。”说这话时，L女士的眼神明亮，犹如那照耀在我们身上的阳光一样耀眼。

再后来，我也不再强迫自己丢弃自己的脆弱和不成熟的一面，也会允许自己偶尔幼稚和任性，在简简单单中寻求充实和快乐，想笑的时候就痛痛快快笑出来，想哭的时候就痛痛快快哭出来，学着在生活里保护内心的那一份纯真。结果我发现，真正的成熟其实是历尽世间的考验、社会的复杂的时候，依然可以像孩子那样成长，活得纯粹、善良，保持内心的安定，又懂得和外界握手言欢。

原来，一切都被我们复杂化了。

每个人都有一个快乐的童年，有时就是一盆水孩子也会玩上半天，装了又倒，倒了又装，周而复始，不知疲倦。如此简单重复的动作，孩子可以从中找到自己的乐趣，所以能享受很长时间。我们小时候会对猫狗打架这种事感兴趣，甚至还会蹲下来津津有味地观战，但长大成年后的思维方式趋“功利化”，同时也是“去纯真化”的，往往只会考虑个人得失与利弊。由此可见，想要保持童心，就要以童心看世界。

钱钟书是我非常敬仰的人物，他的身份标签有“中国现代作家”“文学研究者”“大学教授”……他那本家喻户晓的《围城》我先后读过五遍，后来又通过其他文章进行了解，被他的魅力深深吸引。其中最令我羡慕的一点是，钱老师拥有一般才子恃才傲物的性格，也拥有一般才子不具备的童心。

钱老师喜欢养猫，有一次，自家猫咪半夜和别家的猫打起来了，钱老师担心自家猫咪吃亏，在屋门口准备了一根竹竿，不管多冷的天，只要听到自家的猫被打，他都会从被窝里出来，拿上竹竿，跑到院子里帮着自家猫咪打架，经常把别人家的猫打得屁滚尿流，杨绛劝都劝不住，拉也拉不住。

钱老师和夫人一生就只有一个女儿钱瑗，小名阿圆。钱老师从不摆父亲的威严，在女儿面前，他简直是一个小顽童。每天临睡他要在女儿被窝里埋置“地雷”，把各种玩具、镜子、刷子，甚至砚台和毛笔都埋进去，等女儿惊叫，他就哈哈大笑。这种游戏天天玩也没多大意思，可是钱老师百玩不厌。

……

其实，往往生活在“游戏世界”里的儿童才是真正的“贵族”。他们总是心无旁骛，浑然忘我地沉浸在事物本身之中，在自由的生活里尽情地挥洒。

日本动画大师宫崎骏说：“岁月永远年轻，我们慢慢老去，你会发现，童心未泯是一件值得骄傲的事情。”

人生的财富很多，健康、地位、名利……但唯有童心，是最奢侈的财富。真正的童心不是矫揉造作的“很傻很天真”，而是对生活、对世界的欣赏和热爱。

童心很廉价，每个人都可以轻松地获得。

童心很贵重，失去它的人，生命会乏味许多。

不要抱怨生活充满恶意，找回童年那个全情投入生活的自己吧。请记得：当露水打湿了你的新鞋时，要蹲下身轻轻地擦去花儿草儿的眼泪，嘴角上扬，并记录下“人花两相映”的笑容。一如小时候拉着妈妈的手，仰头问：“花草怎么都哭了，是不是她们昨天晚上吵架了？让我来安慰你。”

有趣是一个人最高级的样子

朋友小美是一个大龄剩女，今年 32 岁。她各方面的条件不错，在某中学做英语老师，长得眉清目秀，个子娇小，也挺有气质。之所以被剩下，很大原因在于她是一个“颜值控”，“我的择偶条件首选就是要颜值高，我不会委屈自己找一个颜值不高的人谈恋爱的”，“只有高高帅帅的男生我才愿意去接近，否则免谈”……小美的偶像是吴彦祖，但那样的美男子岂是普通人能遇到的。

某日，小美参加了一场三对三的相亲派对，其中一个男嘉宾的颜值虽然比不上吴彦祖那么顶级，但也是放在人群中很出众的那种高富帅，她找到了心动的感觉，而且男嘉宾对小美也比较满意。我们都以为，小美这次应该能把自己嫁出去了，谁知两人相处了两个月就黄了，而且还是小美主动提出的。

我们后来一问，小美翻了无数个白眼，说：“那个男生太无聊了，我问他平时喜欢做什么，他说自己的业余爱好除了宅在家里玩游戏，就是睡觉。我还问他喜欢吃什么，结果他说自己对吃的没有什么追求，觉得每顿饭一碗泡面就可以解决了。认识两周，他每天上午和我说句早上好，晚上说个晚安，中间接过我下班一次，路上都是我说话题，他一味地附和，就是觉得很无趣。”

后来，小美选择了同期的另一个男嘉宾，终成眷属。我真诚祝福小美的同时，也不禁内心疑惑，因为这个男嘉宾外形平庸，身材土肥圆，也只是一名普通的职员，这明显与小美的择偶标准有出入，但小美谈及对方的时候眉开眼笑：“是他主动的，一开始我对他没有感觉，但一起联谊过几次后，我了解到他喜欢看书，每个方向都有涉猎。平时他还会和一群朋友去攀岩，去登高，或者报一个兴趣班，学学木工和吉他。他的生活，从来都是丰富多彩的，谈话也充满了趣味，我们在一起的时候会因为各种各样的事开心，这很好。一个人有趣味足矣，颜值算什么？”

有人质疑小美的说法，觉得她只是想嫁了，但我深知，小美的选择非常睿智。“一个人有趣味足矣，颜值算什么？”对于这句话，我深以为然。有趣是一个人最高级的性感，而这，根本是颜值无法达到的高度！

“有趣”是什么？这听起来似乎是一个很主观、很空泛的形容词，但是仔细思考后，你会发现，有学问、有见识、有经历、有品位、有创造力，有幽默感，这些加起来，基本上就是一个有趣的人了。与他相处不会感到乏味无聊，他的存在是充满朝气、充满快乐气息的，会使周围的人群变得热闹起来。

你若是问我，生活中最爱和什么样的人交往？

我一定会毫不犹豫地回答："有趣的。"

因为这些人，你接近他们，就像发现了一个新的世界。

上大学时，我们学院有个姓廖的男老师特别受欢迎，倒不是因为他人有多帅，关键在于，他真的超级有趣。廖老师教语言学概论，这是我们学的第一门专业基础课，大家本以为会特别枯燥无味，但是很快我们就打消了这个想法。廖老师能和男生聊 NBA 聊军事，也能和女生聊八卦聊时尚，风趣又幽默。

上课时，其他男老师都喜欢穿皮鞋和袜子，可廖老师特别喜欢光脚穿凉鞋，他说方便。这天，廖老师正在讲解象形字，突然他脱下脚上的凉鞋，沾了点粉笔粉末，便在黑板上一拍，然后特别淡定地说："这就是足的象形字。"底下所有人都乐开了花，也终于明白，他为什么总说穿凉鞋方便。

更有趣的是，廖老师每个月都会给我们发"特别红包"，红包有零钱，也有按照学生需要设计的各种"福利券"，如"忘交作业抵用券"、"迟到抵用券"、"考研经验交流一次券"以及"陪你打一次球"等。有一次，有同学上课迟到，请求廖老师放过："老师，您就放我一马吧。"廖老师也不忘调侃："今天我可以放你一马，不过你给我记住，我是一个教书的，不是放马的！"

除此之外，廖老师还是一个充满生活乐趣的人。虽是文科出身，但他会写代码，会武术，练过气功，他还研究植物学。在教学之余，他在教师食堂门前种植了一大片植物，下了课就会光着脚挑着担子去浇水、拔草、施肥等，做这些的时候他总会和植物们说话，他给每个植物都起了名字，比如仙人球叫"小绿"，虎皮兰叫"小厚”。当我们问及原因时，廖老师说自己不光给植物起名字，就连自己的鞋子、袜子也都有名字，“平稳的人生很闷，我受不了闷，所以要努力活得有趣”。

无趣的人生，叫活着。有趣的人生，才叫生活。我不是在否认人们为了生活所作出的努力，只是在繁重的生活压力之下，我们也需要懂得解放自己，懂得在闲暇时间做一些自己想做的事，让自己更好地活着，让自己活得“高级”。

台湾著名诗人余光中在《朋友四型》里把人分四种：

第一型，高级而有趣；

第二型，高级而无趣；

第三型，低级而有趣；

第四型，低级而无趣。

渐渐愈发觉得，对一个人最高级的嘉奖，不是勤奋，不是才气，也不是优秀，而是有趣。毕竟好看的皮囊千篇一律，有趣的灵魂万里挑一。

人生那么漫长，愿你做个有趣之人，活得风生水起。

不忘初心，方得始终

不忘初心，方得始终。

这八个字想必很多人都已经耳熟能详，我曾经把它当作个性签名。

“不忘初心”到底是什么意思？在词典上，我找到了简单的概念解释，初心指做某件事的最初的初衷、最初的原因。但在我心里，“不忘初心”这四个字还有一些特别的理解，就是不要忘记自己的本心。那么，本心又是什么呢？其实说白了就是我们内心深处的价值观。这种价值观就像衡量自己的一把标尺，时刻指导着自己应该守住哪些底线，这种底线和标准就是个人的标签。

老公在一家 IT 公司做技术工作，而且是部门骨干，由于公司准备改变发展方向，他觉得公司不再适合自己，辞职并前往另一家 IT 公司应聘。负责面试的是该公司负责技术的副总经理，他对老公的资历和能力很满意，当场决定录用，但却提出一个额外条件：

“我听说你原来的公司正在研究一种新软件，听说你也参与了这项技术的研发，你能把研究的进展情况告诉我们吗？你知道这对我们公司意味着什么。如果你能做成这件事情的话，我会给你丰厚的回报——高薪和高职。”

尽管这家公司的影响力和实力比自己原来的公司要大得多，但老公断然拒绝了这份工作，回到家他还义愤填膺地说：“原以为这家公司在业界是数一数二的，没想到，他们居然提出那样过分的要求，实在是掉价极了。尽管我已经离开原来的公司了，但任何时候，出卖公司的行为都是不道德的。如果他们认可那种做法，那么不去这种公司工作，对我来说倒是一件好事。”

身边的朋友听说这件事后，有人和我一样赞同老公的做法，也有人觉得老公太耿直，为他失去一份好工作感到惋惜。但就在三天后，那位副总经理给老公来了电话，他这么说道：“先生，你被录取了，并且是做我们技术部门的主管，不仅是因为你的能力，更因为你时刻都想着为公司保守商业机密，你是好样的！”

面对利益的诱惑，老公坚守自己内心的价值观，坚决抵制，义正词严……在他看来，当公司与个人利益发生冲突时，绝不能出卖公司的机密，而为自己争利益，这就是一种本心。正是这种堂堂正正的本心，使他显现出人性的高贵与光辉，赢得了这位领导的认可和尊重，也赢得了梦寐以求的高薪高职。

价值观，是一个人判断是非对错的标准。生活中我们总是会面临各种各样的选择与诱惑，如果一个人能时刻警策和把握住自己，勿以恶小而为之，勿以善小而不为，做人清清白白，处处讲究正义，不屈服于强权和暴力，那么就能像一块钢板一样刚强密实无缝，无懈可击，进而真正地活出高级感。

关于这点,松下幸之助早在青少年打工时期就已经深深懂得了。

那时，年轻的松下在一家脚踏车店已工作七年。在老板多年的教导或责骂中，他逐渐学习到了做生意的知识，做人原则以及人情世故等。就在这时发生了一件事，一位地位居于领班与学徒间的店员,居然偷拿了店里的东西出去变卖,不巧却被松下发现了。店员请求松下不要声张，放自己一马，甚至提出了可以与松下分赃的建议。

当时的松下已经有判断力了，他看不惯小偷小摸的行为，便态度坚决地说：“你偷拿店里的东西是不对的，意图拉我和你一起做坏事更是不对的。我不会与你同流合污,我一定会告诉老板的,而且请求他开除你。如果老板不开除你，那么我就辞职，因为我不愿意和做过这种事情的人一起工作。”

在松下的坚持下，老板最终把那个人开除了，后来这家脚踏车店的发展越来越好，居然成了当地的名店。日后已经成为“日本经营之神”的松下还曾感慨过这件事情：“现在回想起来，我当时的态度或许是有点过分。但如果不是那样的话，或许我也就染上了小偷小摸的恶习，那是非常可怕的。”

你拥有什么样的价值观，就决定了你成为什么样的人。

再拿我自身来说，我将自己在生活中的所得所获诉诸文字，一是为了让自己的能力有发展的余地，二是希望能够提供给读者一些有益的帮助，这种帮助人的成就感无法言表，也是金钱所无法衡量的。因为这份初心，我每天在博客写一篇干货文章，还坚持和读者交流，也会很耐心地给予解答。

“你说得再多，也赚不到钱，何必呢？”有朋友质疑。

虽然这样做的确占用了我的一部分时间和精力，但我明白，我并不是想要赚多少钱，而是因为这是自己喜欢的事。我不希望自己只看到利益，而忘记自己的初心，将自己的个人品牌变得很功利。这样做的结果是，我的读者非常信任我，甚至是无条件地信任。喜欢一个人，从来都是终于人品的。

其实，人与人都很相似，不同的就那么一点点。这一点点，在相当程度上，就是一种不忘初心，坚守自己内心的价值观。就是因为这份坚守，你了解到什么是最重要的、什么是正确的行为，支持你一步步地向前突破，把自己的卓越和最美好的呈现出来，这样的人生才是高级的、值得过的。

可以享受最好的，也能承受最差的

“一个男人，应该承受最差的，享受最好的。”

这是吉普早期的广告词，是我一直很喜欢的一句话，这句话用在许朗身上十分恰当。

前面我已经提及，许朗是一个养鸡场的小老板，不过后来他的生意越做越大，十万多只种鸡的饲养规模，使他的养鸡场成为省内规模最大的养鸡场之一。

一次大学同学聚会时，我们感觉吃吃喝喝毫无新意，于是有人建议到附近一所旅游山区野外露营。大家对这次聚会充满了期待，但整个行程下来，意外连连，惊吓不断。

首先，天公不作美，我们抵达目的地的第一天夜里突然下雨，我们赶紧订酒店，但由于我们人员较多，景区酒店的房间不够用，而较远的一所农家院尚有客房。没有办法，我们一部分人只好摸黑走路前往，裤子和鞋子上都沾满了泥水。很多同学不时抱怨，许朗却一路上说说笑笑，心情一点也没受到影响。

到了农家院，我们才发现这里硬件设施极其简陋，洗手池比脸大不了多少，厕所更是无法形容。说实话，我有些后悔参与这种充满不确定性的聚会，和几个女同学一直唉声叹气，就连几个男同学都百无聊赖地干坐着，但许朗依然看起来平淡从容，时不时给大家讲几个小笑话或小趣事。

山里的雨夜较冷，一会儿，许朗和农家院的主人要来一茶壶，气定神闲地为我们泡茶。那是最普通的十元一包的菊花茶，他却慢慢地注水，缓缓地冲泡。以至于所有的茶喝到嘴里，都是柔的。期间，有同学调侃许朗："没想到，你这种大老板居然喝这种茶？你平时喝的不都是顶级普洱茶、铁观音之类的吗？"

"每种茶有每种茶的味道。"许朗笑着回答，"我住过很多五星级的豪华酒店，也住过 50 块钱一晚的小旅馆；我吃过很多的山珍海味，也吃过路边两块钱一碗的馄饨；我平时坐着宝马奔驰，但乡间农夫开的拖拉机也一样坐。"

什么样的活法是最好的呢？每个人都有不同的答案，但我想，我的朋友许朗肯定是其中一种——因为他可以享受最好的，也能承受最差的。

期待事物的完好，希冀人生的顺达，大事小情一切如意，恐怕是每一个人所渴望的。可是，老天就是喜欢跟我们开玩笑，总是时不时给我们点"颜色"瞧瞧。难道因为这样我们就懊丧不堪吗？难道因为一点挫折我们就否定生命中的一切吗？这是小孩子才有的情绪和行为，我们应该怎样？

我的主张是把生活过得有弹性，这种生活可以用几段话概括——“愿你能朝九也能晚六，愿你有高跟鞋也有跑步鞋，愿你有深夜的酒也有清晨的粥。”

听起来很简单，却不容易做到。

据我观察，面对一些不如意，如惨遭公司辞退、生意的失败……不少人会不可避免地悲观、消沉、抱怨，甚至咒骂生活给予自己的都是苦不堪言。这或许能解一时之气，但整天生活在忧郁和愤恨之中，甚至以泪洗面，也就等于被生活击垮了，只会让自己自卑自怜地度过一生，毫无作为。

吉米是我们原公司管理科的一名普通职员，他工作非常努力，人也很有上进心，他一直想升级为科长。公司经理对吉米的工作很认可，后来真的提拔他做了科长。每天办公、开会，忙进忙出，吉米兴奋中难掩得意的神色。

可是过了一年，公司人事变动，吉米又“下台”了，被调到业务部当职员。得知这个消息后，吉米的心情一落千丈，他难以接受这个现实，强烈的挫败感让他时常哀叹命运不公，日渐消沉，后来变成一个愤世嫉俗的人，再也没有升过官。

在这样的人身上，你能看到高级感吗？不会，反正我只看到狼狈。而真正厉害的人，既能承受最好的，也能承受最差的。能享受最大的成功，也能接受最大的失败。这种进退自如就是《菜根谭》所谓的“宠辱不惊，闲看庭前花开花落；去留无意，漫随天外云卷云舒”，最能显示一个人的高级感。

如果把人生比作舞台，那么上台下台就是再平常不过的事情。上台当然自在，下台难免神伤，这是人之常情。只有上台下台都自在、主角配角都能演的人才是真正的强者和智者。这是面对人生一种能屈能伸的弹性，而这种弹性，不但会让你的人生获得安顿，也会为你寻得再放光芒的机会。

我认识一位领导，他在 34 岁就做了某市的副市长，政绩突出，前程灿烂。但就在他飞黄腾达的时候，他因城市发生的一场大火被免了职，那年他 37 岁。这样的结果是一个极大的打击，大家都为他惋惜，认为他会非常痛苦。亲朋好友们四处求人，希望能够帮助他恢复原来的职位。谁想他却平静地回到乡村，心平气和地在自家的小菜园上种菜，施肥，捉虫，过起了平民百姓的生活。

离官退位后，这位领导的周围依然是一些显赫的人士，富翁、高官、大财团的董事长……但是他与他们讨论的再也不是有关官场、名利等的话题，他更喜欢一个人走村串巷向乡人讨教怎样才能照顾好自己的菜园、什么时节该播什么种子、哪一种肥料污染最小等，同时收集一些民间陶器作为自己的爱好。

七八年的时间过去了，他一共收集了几十件民间珍宝，而且每一件都价格不菲，他成为令人羡慕的收藏大师，坐拥几千万的资产。面对人生的再次“发迹”，他依然非常平淡，可以不受外界的干扰，一心一意地鉴别陶器，一如既往地进行着研究工作，坚持着自己的第二份事业。

那些栉风沐雨、饱经沧桑的人，就像被沸水沏了一次又一次的茶，沉沉浮浮中溢出了生命的一缕缕清香。此时正在疲于奔命的你，不妨借鉴这股内在精神，平和地面对人生起伏，生活便会自然好起来，你也终将变得更强大。

No.8 一个人孤军奋战 也要像万马奔腾

不迎合大众，不将就普通，勇敢面对自己的内心，坚定地走出一条独一无二、光芒万丈的路，这是一个人最好的模样，也终将成就更好的自己。

他们都歌颂玫瑰香，我偏开出仙人掌

刚开始“北漂”的时候，我和几个大学同学合租了一套简易房子。阳台上房东留下几盆花草，其中几盆都是或红或白的玫瑰花，浓香引得大家都忍不住多看几眼，平时也会争相浇水、晒太阳等。不过，我的目光却落在角落里的一株仙人掌上，这株仙人掌呈淡淡的鹅黄色，似乎没有精神，像极了当时的我。

仙人掌本就不起眼，与玫瑰相比更加逊色了，大家都不怎么关心它。我提醒自己，要记得照顾它。但是那段时间，我每天四处奔波着找工作，心累、身累，满是疲惫，对于能不能照顾好自己都存在怀疑，也就将这株仙人掌遗忘在脑后。

几个星期后的早晨，拉开阳台门的那一刻，我惊呆了，这株仙人掌居然开花了，生机勃勃。玫红色的仙人掌花，一簇簇开出来，甚至比玫瑰花更好看。作为这里暂时的主人，没有对它加以照顾，我感觉到内疚、不安，但经历了日晒、风吹、雨淋，在没有人照料的情况下，它却顽强地将生命最美的一面展现出来。

之后，这株仙人掌便成为了我每天生活的动力，看到它，我就充满了无限的动力。

再后来，我偶然听到一首歌，叫作《野蛮生长》，里面有一句歌词——他们都歌颂玫瑰香，我偏开出仙人掌。

仔细想想，我们真该活成仙人掌的模样！仙人掌不像玫瑰那样娇艳，却受得住狂风暴雨，经得起烈日当头，一直野蛮地生长着，然后在某一时刻亮出精彩的自己，给人以意外之喜。

据我所知，有一位日本女孩就做到这样。

在日本有一位年轻女孩，她一无所有，没有钱，也没有金龟婿，她走上社会的第一份正式工作就是到东京帝国酒店当服务员。在还没有接触到具体工作的时候，她就暗下决心：一定要好好干，干出成绩来！但是没想到，主管交给她的第一项差事就是清洗厕所马桶，而且还要求把马桶刷得“光洁如新”。

女孩一下子就懵了，毋庸置疑，厕所秽物与气味实在令人难以忍受……

正在女孩犹豫的时候，一个前辈走了过来，二话不说，只是拿起了抹布，一遍一遍地清洗着马桶，直到光洁如新。洗完以后，前辈将擦洗干净的马桶装满水，用杯子从马桶里舀了一杯水，然后一饮而尽，整个过程没有半丝的犹豫。

前辈的举动让女孩大受鼓舞，于是她痛下决心：即便洗一辈子马桶，也要做一名最出色的洗厕人。在这以后，女孩没有了抱怨和质疑，工作质量很快也达到了前辈的标准。最为重要的是，她迈出了人生的第一步以后，开始逐渐走向人生的巅峰。这个女孩就是后来日本政府的高级官员——邮政大臣野田圣子。

哪怕贫穷到，没有一滴滋养的雨露，也不会埋怨和放弃。一阵风儿已经足够，让所有的清高，凝聚成坚强的刺。

在这个多彩的世界里，仙人掌很普通、很平凡，但它不挑剔生存环境，生命力极强，能在寸草不生的沙漠里安家，只要栽到泥土中就能生根发芽，无论是骄阳烈日的炙烤，还是狂风暴雨的肆虐，仙人掌永远都是生机勃勃、傲然挺立。活着，总要绽放属于自己的光彩。仙人掌尚且如此，何况你我？

一开始，有些人远远不如别人。而后来，他们却成了万里挑一的人。为什么？因为他们虽然像仙人掌一样不起眼，却坚持付出了很多努力，忍受了很多孤独和寂寞，承受了诸多痛苦和煎熬，不抱怨、不诉苦，始终在不停积累和沉淀着。最终，擎出了自己的花朵，以高贵的姿态示人。

我的一位读者青萍，是一个执着平和的女人。十年来，她一边照顾家庭琐碎生活，一边笔耕不辍地坚持写作。不为其他的，就是热爱写作这件事情。每一个拥有文学梦的人都知道，拿笔写文章并不困难，任何人都可以敲出几行词句。难的是，写出来的文字有读者愿意看，有旁人会认同。

青萍的文笔很平淡，内容都是生活琐事，作品一直不愠不火，家人和朋友劝她不要再浪费时间。但青萍认为，好作品让人读后心胸澎湃，思虑万千，但平淡无奇的作品，若能让人感到美好而温馨也未尝不可。这些年，青萍默默地努力着，坚守着。她不偏激、不狭隘、不抱怨，始终执着地对待写作这件事，就这样她慢慢收获了一些读者，也开始有编辑认可她的文笔，最终她的第一部作品得以出版并获奖。

当我问及她的感受时，她说："生命本就是在承受和忍耐中度过的，而不是在他人的喝彩中前行。就算无法成为最优秀的那个，就算没有人欣赏，也要努力地生活，才不枉此生。"

也许有人对你的努力不屑一顾，也许有人对你的付出视而不见，更没人在乎你怎样在深夜痛哭，但不管别人怎么想、怎么看，请你相信，能真正改变自己处境和人生之路的，只有你自己。像仙人掌那样，找到自己身上强大的力量，朝着认定的方向和目标，微笑着一步步走下去，即可。

你终究会懂得，熬过一段艰难的时光后，你想要的一切，必会在合适的时候实现。

当你和世界不一样，那就不一样

刚参加工作不久，我和中学同学刘姗、雯雯相约到一家湘菜馆吃晚餐。大学时期，我们三个最爱的就是湘菜，几乎无辣不欢。三个人三碗饭三道菜，一道水煮肉片，一道剁椒鱼头，我最后一个点菜，以前我喜欢辣椒炒肉，但参加工作之后我更偏向清淡的口味，可选了两个清淡的菜直接被否掉，最后定了一份清炒四季豆。

“你的口味怎么和我们不一样了？”刘姗问。

“怎么会？”我回道。

“就是不一样了，你点的菜我们都不喜欢！”雯雯附和道。

“我从来没变，真的！”我有些着急地强调道。

“以前还好，现在和我们真有些不一样。”刘姗又一次说道。

“你们不能因为一道菜就这样讲我啊！”我突然有些生气，眼泪差点冲出了眼眶，一顿饭也吃得寡淡无味。

你是否有过这样的一个时刻：害怕和别人喜欢的食物不一样，

害怕说出的观点跟别人不认同，害怕自己喜欢的东西别人却不喜欢，害怕一个人被全世界抛弃。

当年尚不更事的我，极力想解释一件事：我没有和你们不一样。细想，那时候我很担心自己因为和朋友不一样，而无法继续融入到朋友们中间！但时隔几年，人越来越成熟之后，我才明白，和别人不一样不是什么大不了的事。而且，现在的我越来越喜欢"孤独是让人高贵的"这一句话。

不可否认，我们都渴望得到别人的认可，对于别人的一举一动、一言一行都会掂量，同时还容易衍生出一个特性，那就是自己做什么、怎么做都要考虑一下别人会怎么看，非常在意别人对自己的看法。对此，我并不完全持否定态度。因为有时候，我们确实需要我们懂得察言观色，体谅他人，尤其是涉世尚不是太深的年轻人就更需要如此，这样更容易赢得他人的赞同和认可。

但是，我们还要明白一个道理，每个人都是社会的一分子，也是一个独一无二的个体。每个人都有不一样的生活方式，对于个人而言，你不必和别人一模一样，更没必要磨平自己所有的棱角去贴合别人的标准。做一个思想清醒的自己，做一个特立独行的自己，方能找到自己的一片天。

远的不说，简简单单说一下我身边的朋友：

我的朋友黄薇，是个很羞涩、很内向，而且不善交际的山西女孩，只知道画画。小时候学画画，别人都把树画成绿色，天空画成蓝色，但黄薇却喜欢把树画成红色，天空画成黄色。"你怎么画得和别人不一样？"妈妈试图涂改掉黄薇的红树黄天，但黄薇却坚持自己的涂色：“为什么要和别人画得一样？我偏不！”

大学时期，正值青春年华，周围的女孩每天都在忙着打扮，忙着逛街，忙着交友，忙着恋爱……黄薇却每天坐在画室里安静地画画，一个高板凳、一个画板、一个小马扎，各种颜色的颜料，这就是她全部的生活。有不少朋友拉她出去玩，可每次她都有理由推脱。有人私底下说她和正常人不一样。“我知道我和别人不一样，但是我觉得这样挺酷的。”这个 80 后姑娘笑着说。

黄薇大学学的建筑专业，毕业后终日与密密麻麻的图纸和工具书打交道，还要顶着烈日去建筑工地，与男同事们一起搜集第一手资料。有人劝她：“女孩那么拼命干什么，迟早要嫁人的，像大多数人那样做个贤妻良母多省心省力。”可她却反驳道，“如果我和大多数人一样，我又如何活出不一样？”在这个以男性占主导位置的行业里，她像男人一样常年穿着工装，每天都钉在工地上，一刻不敢停歇，恨不得一天能有 48 个小时。就这样，同事们看到这个全集团最努力、最个性的女孩快速地成长起来了，用了不到五年的时间，她就从最底层一路走到了集团的高层，令周围人刮目相看。

黄薇一心扑在工作上，不生孩子不结婚，发了工资就买房子，置业装修，如今一个人住在市中心二百多平方米的高级住宅，让人看得真心觉得人生飞扬……

黄薇坚持做和别人不一样的人，通过自己的努力和积累，慢慢让自己变得越来越不一样，越来越优秀，最终没有泯然众人，且活得更精彩。我也从中发现，有些人从不因自己和别人不一样而羞愧，更不会为自己和别人不一样而焦虑，反而安住在不一样的世界里，享受着自己的不一样。

这样看来，当你和世界不一样，你才有机会活出不一样的人生。

“为什么你和别人不一样？”这曾经是最困扰我的一个问题。

时至今日，如果有人问我：“为什么你跟别人不一样？”

我不会再着急或生气，而会笑着反问：“为什么要一样？”

为什么要一样？和别人不一样，这世界才好玩，不是吗？

对的那条路，往往最不好走

文章开始前，先问大家一个问题：

假如，你来到一个从未去过，完全陌生的地方旅游。此刻，在你面前有两条路，一条是很多人都在走的阳关道，一条则是人迹罕至的独木桥，你会选择哪条路？

相信不少人会选择阳关道，毕竟这条路看起来更好走，能更快抵达目的地。

瞧，你就是这样渐渐淹没在滚滚人潮之中的。谁都想走一条好走的路，却忘了那条路上往往人多，太过拥挤，反而不好走。如果你拥有一流能力、一流智商还好，倘若是弱质之辈，非要和大神挤在同一条路上，最终只会被挤得头破血流。与其如此，不如走少有人走的路，更容易脱颖而出，不是吗？

你听说过亚历克莎·冯·托贝尔吗？亚历克莎是哈佛大学的一名高才生，本应于 2008 年毕业，当时她和大多数同班同学一样希望毕业后能进入华尔街“投行巨擘”——摩根士丹利，成为一名优秀的交易员。虽然就读于哈佛这样的名校，但她通过一番询问得知，想要进入摩根士丹利工作的人实在太多了，自己将来面临的就业形势十分严峻，将要和几千人争夺一个“饭碗”。

思虑再三后，亚历克莎果断从哈佛商学院辍学，虽然大家都替她惋惜，但她却主意已定。很快，她就创立了 LearnVest 网站，专门教女性用户如何理财。当时市面上尚未将女性理财需求作为一个市场机遇点进行开发。亚历克莎却通过将这一业务细化，很短时间内就吸引了诸多女性网友的访问和咨询。2009 年年底，LearnVest 已经帮助了超过 100 万名客户，获得了共 2450 万美元的风险投资。

就这样，当同学们为争抢摩根士丹利实习机会，使尽全身解数时，亚历克莎已经轻轻松松当上了创业老板。

一个毋庸置疑的事实是，几乎世界上每个人都希望自己走出一条幸运的路，而那些顶层真正走的都是少有人走的路！

有人会问，走少有人走的路一定平坦吗？不一定，太多人的经历告诉我们，对的那条路，往往不是最好走的。

我经常光顾的一家美容院，老板是一位气质美女，在业界小有名气，叫高苗。经过一段时间的相处，我们逐渐了解了高苗，也知道了对方的经历。

高苗是一个性格温柔，很有耐心的女孩，临近毕业时，父母已经在老家给她安排好一份教师工作，名曰抱上了一个“铁饭碗”。但高苗毕业后却果断地放弃了父母为自己安排好的前程，南下去了广东，学习美容美发行业。周围没有一个人赞同，甚至还在背后指指点点，总觉得那不是一个正经行当，可高苗却说那是她自己的决定，那是她想走的路，人要为自己的人生做主。

做学徒是一件很辛苦的事，也不赚钱，有一段时间高苗过得很辛苦。当时高苗认识的一些同龄女孩，学业有成的做了老师、医生等职业，一些和高苗情况差不多的姑娘，就直接进了工厂，工作虽算不得多么的光鲜体面，可在众人眼里，都比高苗的选择要好。但高苗依然坚持自己的选择，对此她的解释是：“你的路只能自己走，只要你能在自己选择的路上走下去，就是好的。”

在学成手艺之后，高苗从一家小美发店做起，后来兼顾做美容，生意好了，客户多了，就开始扩大店面。随着越来越多的人开始关注美容、养生，高苗也跟随市场变化，开启了美容养生馆。到现在，高苗可谓是事业家庭双丰收了，多少人注视着她，这些眼神里有羡慕，有崇敬，也有嫉妒。就连那些曾经对高苗指指点点的人，再提起高苗来，也会赞叹她“有眼光”“有远见”。

“你知道吗？那些抱着‘铁饭碗’的人，朝九晚五地过了半辈子；那些进工厂当工人的，运气好的熬出了头，混入了中层，运气不好的，没能逃过下岗的劫数。现在，他们倒是开始向我‘取经’了，问我成功的秘诀？”说这话时，高苗正优雅地坐在沙发上，用勺子慢慢搅拌着杯子里的咖啡。

“你是不是也很好奇？”高苗笑着问我。

我点点头，洗耳恭听。

高苗笑着解释道：“我所做的一切，都是自己想要的，这一切只是因为我想要给自己做主，走自己的路罢了。”

很多事情就是这样，不到最后，谁也看不穿结局。

并不好走的那条路，若你能够努力去走，在不平坦的道路上砥砺自己，那么将比其他大道更近终点，回馈你的也必然是更多的幸运。

明白了这些，你就该相信，与其按照所谓的“常理”作出选择，倒不如遵从自己的内心，慢慢走一条新的道路。打一个比喻，这就像你在山脚找到了一条路，慢慢爬到山顶的过程中，最初你是不会被人发现的。但当你到了山顶，别人会发现山顶有这么一个人，然后大家也会想去爬爬这座山。

路漫漫其修远兮，甚至你只能独自上路，要来吗？

越是孤独，越要美好

前段时间，我得空在网上学习了几节哈佛公开课，其中塔尔博士的“幸福课”讲得很实用，而且旁征博引，令我印象深刻。

塔尔博士在第 2 课讲了心理学家 Nathaniel Branden 博士的一段经历：

曾经，Nathaniel Branden 召开了一个为期三天的研讨会。研讨会进展很顺利，到了第三天，快要结束的时候，参会者都表示自己学到了很多，向老师致谢。Nathaniel Branden 却向大家抛出了自己的重要观点——“没人会来。”他解释道：“没人会来——穿着闪亮铠甲的骑士，不会来带你到幸福乐园，没人会来让你的生活更美好——没人会来，你为自己的生活负责，获得自信、自尊、幸福。没人会来。”

这时一位参会者举手表示疑问：“博士，可是事实并不是这样的。”

Nathaniel Branden 博士问他："为什么这样说？"

他答："博士，您来了。"

Nathaniel Branden 回应道："是的，我来了，但我来是为了告诉你们'没人会来'。"

说实话，听到这段话的时候，我莫名有一种想哭的情绪。

是的，不管这段话听上去多么残酷，它仍是我们必须面对的事实——"没人会来"。人生只能是一场独行，孤独是每个生命的常态，没有人会来让我们的生活变得更加美好，这意味着我们要为自己的生活负全责，意味着无论高兴还是悲伤，我们首先要想到的不是去依靠谁，而是自己。

曾经，我是一个不算快乐的女孩，刚毕业那会，一个人租住在学校附近的小房子，一个人去超市拎回重重的一袋又一袋东西，一个人周末逛街逛到腿发酸，一个人去看等了很久的电影，一个人用各种方法打发那些多出来的时间，一个人解决突然之间冒出来的各种小情绪……有时候，我也很想找个人倾诉，但是在要开口的那一刹那，又突然发现任何的诉说都于事无补，因为无论是谁，哪怕对方跟自己再亲密，都不能完全地理解自己，这让我一度感到痛苦至极。

直到后来，我在某书中看到了这样一段话——"纵观一生，我们其实都不过是一个人在行走，苍凉又悲壮，但还是要执着地走下去。因为，每一个生命，哪怕仅仅挺得过这场孤独的跋涉，都可谓之伟大。"之后，我变得快乐多了，倒不是因为情况有所改变，而是我开始习惯一个人去做很多事情。空闲的日子里，我会一个人在厨房做一顿自己最爱的饭菜，在房间里看一场喜欢的电影，听一听喜欢的歌曲，或者写一两段文字，记录生活的点点滴滴和心情的起伏……这样的日子充实而幸福，我的脸上开始经常闪现满足的微笑，整个人也变得快乐，充满勇气和力量。

再后来，有朋友偶尔与我打电话，问我在做什么，我会如实作答“听音乐”“看一本书”“给花盆翻土”等，一度被大家评为“小资女青年”。记得有一次，我在朋友圈晒了一张在西餐厅喝红酒的照片，那里的环境非常雅致，朋友们纷纷点赞，还有好友好奇地询问我是不是有了约会对象。其实不是，当时我是一个人，恰好那个周末有时间，我只是想单纯地享受下一个人的午餐而已。

当得知那顿午餐花了186元时，雯雯惊讶地问：“你一个人还那么破费？”

我想了想，回答道：“越是孤独，越要美好。”

这些年，我常听一些年轻人抱怨，说自己没有空间、没有自我，而当自己有时间独处时，又开始抱怨孤身一人漫漫长夜太难熬，独立做事太棘手，一个人旅游太孤单，有些人甚至害怕孤独，总觉得孤独意味着没有朋友，生活单调乏味。孤独的人生就一定是悲情的吗？这很明显是个不成立的判断。

孤独是什么？在我看来，孤独是美的，因为它可以纯净生活。置身于孤独，你可以感受前所未有的清静与悠然。不管身外是潮起潮落，还是斗转星移；不管世间是秋叶飘零，还是百花竞开，只知沉沉的深思，启开了那关闭已久的心扉。孤独是一种极高的人生姿态，因为你懂得如何照顾自己的内心需要。

的确，身处孤独之中时，人会自然而然地安静，更容易平和和冷静，从而有机会进行深刻的思考，思考自身，也思考自身与外界的关系。你会发现最真实的自己，进而更快进入生活角色，更好地投入到工作之中。

去年，我的读者青萍写了一本畅销书，一下子成了当地的“名人”，据说当地好几家报社的记者前往采访。此后，很多朋友都找不到青萍了。打电话总是关机，微信、邮箱等也没人回应，我们读者群里的几次活动也不见她的踪影，于是有人说她是在故意摆架子，也有人说她是有了名利就忘了朋友。

后来过了一个多月的时间，青萍主动给我打了一个电话，我接到电话时也好奇地问了一句：“这段时间，你去哪儿了？”

青萍很神秘地说：“我哪儿也没去，我在家享受孤独。”

接下来，青萍对我解释道：“这半年，我身边的亲戚朋友们对我太热情了，同事们的应酬也变得多起来，这种热闹让我有些不知所措，我总是情绪烦躁，精力也难能集中，一点写作灵感也没有，所以我干脆关门谢客，也不再联系别人，给自己一个独处空间，不受任何事情的干扰，静静地思考人生、品味人生。”

这不禁让我想起，很多年前英国作家伍尔夫曾说过的：“每个人都需要一个属于自己的房间，一个人散步，一个人读书，一个人吃饭……享受一个人的清静与自在，引发对于人生和世界的深层次思考。”作为普通人，我们或许不能参得什么真谛，但在孤独的锤炼下，我们至少可以让内心更丰盈。

还有一句话是这样说的：“也许你现在仍然是一个人下班，

一个人乘地铁，一个人上楼，一个人吃饭，一个人睡觉，一个人发呆。很多人离开另外一个人，就没有自己。而你却一个人度过了所有。你的孤独，虽败犹荣。”愿你比别人更不怕一个人独处，也拥有一个美好的、丰盈的世界。

你努力合群的样子，真的很孤独

前几天堂妹依依向我诉苦，是关于人际交往的问题。

“大学寝室生活太难相处了，我想要跟别人交往，想成为受欢迎的人，可不知道怎么回事，我怎么努力都好像不合群，我该怎么办？”依依今年刚上大一，也是第一次住校，难免有些不适应。

不过我对于依依知根知底，她平时可是一个爱说爱笑的姑娘，按理说应该很受欢迎才对。后来在我再三询问下才了解，一进入大学，宿舍的同学们觉得多考几个证书能提升自己，将来好找工作，于是都疯狂考证学习，依依也一口气报了教师证、会计证、人力资源证等，“大家都参加了，如果我不这样，未免太孤僻了。现在我大量的时间都用来考证了，但其实我并不喜欢，也很苦恼。”

“还有，我从小就容易胃疼，早上一般都会吃点面包、喝点粥之类的。”依依继续说道，“但是舍友们早上都喜欢吃肉夹馍、煎饼果子之类的，于是我只好跟她们每天吃一样的，因为怕她们说我不合群、难相处，结果总是胃难受到要吃药。可是她们并没有因为我的合群而对我热情增加一分……”

我将依依拥在怀里，说道：“不用动不动就怀疑自己孤僻，抑或者觉得自己不合群。现在的你，只需要努力去做自己应该做的事情，而不是想着如何去取悦别人。”

接下来，我又教给依依玩了一款老旧的游戏，也是我小时候最喜欢的游戏——俄罗斯方块。这个游戏的规则很简单，屏幕上方会陆续落下不同形状的方块，玩家通过变换形状、调整位置来进行游戏。当下落的方块和屏幕底部堆积的方块完全吻合，形成完整的横条时，这些横条就会消失。

“你发现什么了吗？”期间我说道，“这个游戏告诉我们，合群，你就消失了。”

依依思索片刻，脸上有了笑容。

人是群居动物，有多少人为了所谓的不落单，努力地合着群。但事实证明，努力合群的样子并不漂亮，反而还会维持得很辛苦。

因为每个人都有独立的思想与意识，每个人的人生都各有其道，不同的环境，不同的生活，造就不同的人生。当我们总是努力地合着群时，为了适应他人和环境而委屈和改变自己，束缚自己的思维，抑制个性的发展，如此就仿佛水里的鹅卵石，圆溜溜，没有任何棱角，没有攻击性，没有威慑力。

在社交媒体上看到这样一句话——“你那么合群，该有多平凡”，深表认同。虽然合群就是平凡这个说法未免有些绝对，但一个人只要沉溺在大流中，就注定不会脱颖而出，将永远不可能活在社会的最顶层。相反，当你不再努力去合群，努力去做自己应该做的事情，慢慢你会自带光芒。

前段时间，电视剧《我的前半生》热播，又在荧屏上看到了陈道明，这是我非常喜欢的一位男演员，对他的喜爱，可谓始于颜值，敬于才华，终于人品。

陈道明的演技是非常精湛的，作为最顶级的一线演员，他的片酬动辄上千万，但他每年拍摄的戏非常少，甚至一两年没有作品，原因是他对演戏非常认真甚至苛刻。曾经有一部电视剧邀请陈道明去拍，他通宵熬夜看完剧本，第二天找到制片人和导演，提出剧本有些不合逻辑。导演耐心地劝说，现在大家都这么拍，观众也会喜欢看的，不愁没有收视率。陈道明听后，甩手拒绝了那部戏。

身处热闹的娱乐圈，陈道明平时会屏蔽许多无效的社交，节制自己的社会交往，简化社会关系。演戏之余往往深居简出，待在家里弹钢琴，读书，写杂文等。即使不得不参加一些公开的宣传活动，他也是惜字如金，因此记者们描述他时总是用“孤芳自赏”“高傲冷漠”这类词，也因此有了“不合群”的称号。

有人笑话陈道明一个人宅在家里，远不如一场饭局有用。陈道明不紧不急饮一口茶，淡淡一笑：“不为无用之事，何以遣有涯之生？”

陈道明如此“不合群”，是不是从此导演都不敢找他？并没有，许多大导演争着抢着请他，对他礼让三分，有导演甚至说：“陈道明是一个清高的只肯在戏里低头的人。”他这份不太合群的孤独，让他不必被任何圈子绑架，让自己实现最高度的自由，解放更多时间打磨作品，活得比一般人更高级。

世界是自己的，与他人毫无关系，合群与不合群只是一种交往方式。真正活出高级感的人从不刻意去合群，也不会在意自己是否受欢迎，而是努力做最好的自己。

说到这里，我不禁想起大学时期一个很传奇的同学，叫苏梅。

大学时期，同学们几乎都是外地求学，所以格外珍惜同窗情谊，经常三五成群，一起吃饭，一起说笑，一起结伴而行，但苏梅却几乎从来不和大家结伴，总是一个人上课，一个人吃饭，一个人去超市购物，就连在校园里走个碰面，她也只是礼貌性地点点头，似乎连一句废话都不愿多讲。这样的她，难免被同学们定位成孤僻、高冷、骄傲、不合群的人。但是有一次，我因为一道学术问题向苏梅请教，她不仅认真地为我进行了详细的讲解，还慷慨地把自己的笔记借给我参阅。

“你这个人其实挺好的，你应该多和同学们交往接触，让大家多了解你，这样你就不会被孤立了。”我好心给苏梅提意见。

苏梅笑了笑，说道：“不是我被别人孤立了，是我不想努力去合群。大学的时间非常珍贵，除了正常的上课时间，其余的时间里，我不是在图书馆学习，就是在餐厅打工。我知道自己想要追求什么样的人生，并且我也愿意去为之努力；至于其他人怎么看我，我不在乎，我实在太忙了。”

后来毕业那一年，苏梅是我们同届所有拿到 Offer 的同学中最厉害的一个，直接飞去中国驻新加坡大使馆做了随行记者。

苏梅依然是一个人，只是被落单的是我们。

永远不要怕做那个合不了群的人，也永远不要小瞧那个不合群的人！

有一句话说“你若盛开，蝴蝶自来”，意思是蝴蝶会循着花朵开，清风会伴着花朵来。说到底，一个人不合群没有什么关系，你只管变成最好的自己就可以了，到时候，你想要的一切都会主动靠拢过来。

最好的神情不是面瘫脸，而是任性脸

我是一个任性的孩子，
我想涂去一切不幸。
我想在大地上，
画满窗子，
让所有习惯黑暗的眼睛，
都习惯光明。

这是我一直都很喜欢的一首小诗，出自近代诗人顾城之手——《我是一个任性的孩子》。

似乎我们从小都被教育“要当一个懂事的孩子”，要听大人的话，脾气要好，性情要温和，凡事要为别人着想。在这样的教育下，许多人努力做一个懂事的好孩子、好学生、好恋人、好父母、好员工以及好领导等，我们以为这样的自己会得到更多的爱，却惊诧地发现，每多揽一个这样的角色，内心的枷锁就加厚一层，自己越懂事，越没人心疼。越明事理，越没人当回事。

我的表姑生长在一个重男轻女的家庭，从小到大，我的大爷爷和大奶奶，也就是表姑的父母都是对弟弟疼爱有加，好吃的、好玩的，都统统归弟弟所有。如果表姑吵着也要，大奶奶就会训斥她："你已经是大孩子了，你要听话，要懂事。""你是姐姐，要让着弟弟，知道吗？"哪怕是再想要的东西，表姑也不敢"不听话"，不敢"不懂事"，因为她想做一个"好孩子""乖孩子"。

长大一些，表姑考上了省重点大学。鉴于家里的经济条件不好，大爷爷和大奶奶要她暂停学业，理由是女孩子总是要嫁人的，仅有的一点钱应该留给弟弟读书。表姑实在不愿意，但大奶奶却说："你从小就懂事，怎么现在这样？要是有钱我们也想供你读书，但真的没有，以后你弟弟上学也要钱的。你一个女孩子容易找工作，男孩子要是没文凭很难立足社会，你做姐姐的要让着他，知道吗？"听着妈妈的唠叨，表姑只好狠了狠心，放弃了上大学的机会，因为她是姐姐。

没有高等学历，没有工作经验，表姑开始学着自己摆地摊，为了多赚一些钱，她常常在外面跑，风里来，雨里去。只是她没有一点的埋怨，一如既往的懂事。平时省吃俭用，攒下来的钱寄回家，减轻父母的担子；也给弟弟寄学费、生活费。家里人都夸她懂事，懂得为大家着想，真的是个"好孩子"。

后来，听从家人的安排，表姑跟本村的一个青年结婚了。虽然这个男人她并不中意，但她是个懂事的好孩子，不哭也不闹。

婚后，表姑还想做自己的事业，这时，几乎所有人都开始劝阻她，丈夫说："结婚了，你还出去抛头露面工作，外人怎么看你？又怎么看我们？你要懂事一点。"大爷爷和大奶奶也发话："你现在的主要任务就是做家务，生儿育女，孝敬父母，要为大局着想……"

从小到大，表姑一直在做一个懂事的人、听话的人，后来每天的生活就是买菜做饭，相夫教子，她活得迷茫而困顿，但她的反抗那么无力。

看到了吧，我们被教育要懂事，最后还不是憋屈到作茧自缚！

所以，我一直倡导人要活得任性，而不是懂事。当然，这种任性不是放浪不羁、恣意妄为，而是有本事按照自己的想法生活，可以天马行空地去想，杀伐果断地去做，又可以从心所欲不逾矩。即使命运的赐予少得可怜，也能任性地带着行李上路，自信、智慧，而且执着，最终不辜负自己。

世俗中，大多的论断都是，做人不能太任性。但对于成就更好的自己来说，最大的障碍就是不够任性，就是在面对世界时，自己的心却表现出脆弱、懒散与盲从。

如果你对这些话心存质疑，不妨听听我接下来所讲的故事：

有这样一个男人，生在优越人家，打小聪明得令人刮目相看，如此聪明的孩子又异常勤奋，前途自然一片光明。18 岁那年，他顺利考入复旦大学，因为成绩太突出了，提前一年毕业，被陆家嘴集团纳入旗下。第一年，他在基层稳扎稳打，默默无闻；第二年，他一鸣惊人，荣升集团下属公司副总经理，20 岁出头的副总经理，这在上海滩这个国际化大都市也是个不小的新闻了；第三年，他一飞冲天，成为集团董事长的秘书，级别虽然不算高，但绝对是个很有分量的职位。

就在这一年，该集团总裁被调往浦东新区任副区长，要带这个男人一起去，但他婉言谢绝了。这时的他，在上海滩就是年轻有为的代名词，人们确信，只要他按部就班走下去，职业前途无可限量。可是，他却辞职了，要去证券公司工作。有人提醒他："你别任性了，单位马上要分房了，等房子到手你再走也不迟。"能在上海有一套属于自己的房子，这是很多年轻人望眼欲穿的事，可他却说："难道我这辈子还挣不到一套房子？"这话说得够任性，掷地有声，铿锵有力，令人无言以对。

在证券公司的那几年，他完成了两个人生的重要转折，一是在同事中觅得一位美丽贤惠的夫人，二是在中国股市井喷时果断出击，掘到了第一桶金。他准备用其中的50万元创办一家网络公司。那颗与生俱来的任性的心，让他始终无法停下脚步。那时正值互联网的冬天，又有好心人劝他："你懂事点，安分点，现在搞互联网，几乎是要赔出血的。"他依旧我行我素，在一间不足10平方米的小屋里，创立了盛大网络公司，从此一发不可收拾。当年，人民日报多次点评盛大的《传奇》，其风头绝对超过今天的《王者荣耀》。当年腾讯上市的时候，盛大已经在美国上市一年，他也借此成为当时的中国首富，这一年他仅32岁。没错，他就是陈天桥。

正当大多数互联网公司凭借游戏赚得钵满盆盈之时，陈天桥却将盛大完全剥离游戏，因为他认为，游戏在一定程度上使许多人玩物丧志，荒废了学业、事业，是比较害人的东西，这样的钱他不赚，这一决定也让许多人质疑他“不够聪明”“不按常理”。如今，在财富榜上已经很难再看到陈天桥的身影，他现在有多少钱，我们也无从知晓，或许他自己也不关心。如今，他与他的美丽妻子一直专注于慈善事业，对于陈天桥来说，他任性的境界已经到了一个高端的层次。

表姑和陈天桥的人生哪一个更有意义，不言自明。

每当提及陈天桥的故事，我都会想起德国作家赫尔曼·黑塞的一句话：“任性，是最被低估的美德。”

是的，高级的神情有种肆意的任性。自己想做什么，什么时候做，统统随着性子来，取决的标准即为喜不喜欢，高不高兴，而不是别人所规定的好或不好。如果你想从心所欲地生活，做自己想做的事，这个时候，你的未来必定不会迷茫，不会困顿，人生也必定充满美好和希望。

No.9 人生的路总是走不完
何不骄傲地往前看

时间总是往前走的，要想成就更好的自己，就要顿悟而不执迷，淡定而不迷惘，让苦乐随风，不恨不怨，顺着前方的路拼命奔跑，如此才会知道明天的你有多精彩，才能绝世好命惹人羡。

把伤害不当回事的人，都活得很好

我的一位老师曾经说过一段话，我个人特别喜欢——“这个世界你感谢的人那么多，没必要把那些伤害过你的人放进你的名单。”

小时候的我，特别玻璃心，安全感也低，受到一点小小的委屈就给予泪雨滂沱，按老妈的话说我就是一个“泪罐子”。20多年过去了，我变得成熟了许多，也坚强了许多，再也不会像小时候那样轻易掉眼泪。但偶尔受到伤害，也会在夜深人静的时候，一个人躺在被窝里，蒙上头默默地流泪。而且实话实说，我不是一个足够豁达的人，会记住对我造成伤害的人及伤害我的事。

为此，老爸经常对我说：“人不要愁眉苦脸，否则会越长越丑。”我一直觉得这就是一句玩笑，但后来发现，当我们因为所受的伤害而耿耿于怀的时候，其实也伤害着我们自己，而且是比别人更深的伤害。比如，后来的我，皮肤开始变得很粗糙，神情看起来总是躁郁，就是因为心里的压力全都转移到面容上了。而一直践行“笑一笑，十年少”的老爸却看起来很年轻，气色好，很有活力。老爸的生活和事业并非一帆风顺，但对于自己的遭遇，他总是豁达地笑笑。几年前他和朋友合伙做生意，被朋友骗了十多万，当提及时，他脸上的表情也总是淡淡的。

相由心生，心态决定你的面容，看来真是真理。

再后来，我学会了老爸的这种处世方式：把伤害不当回事。现在，基本上没有什么事情可以让我掬一把泪了，渐渐地，我也拥有了豁达的面容和气质。当听到周围的朋友们抱怨受到这样那样的伤害，觉得很多人不能原谅，甚至让自己陷入无尽的苦恼之中时，我都会觉得非常不值得。

为了更清楚地进行说明，在这里，和大家分享一下一则发生在我周围的故事：

孙鹏和田绍是生意上的一对好伙伴，也是生活上的好朋友，孙鹏有一个女儿，田绍有一个儿子，两家都是当地有头有脸的人物，就像很多剧本里写的那样，两人为使彼此间的关系更亲密，就打算撮合他们的儿女成婚。虽然两个孩子从小一起长大，可谓青梅竹马，但是他们的感情进行得并不顺利，经常会发生争吵，后来就在快要结婚的时候，孙鹏的女儿竟然被人毒害，而警方搜集来的证据都指向田绍的儿子。为此，田绍的儿子也被关进大牢中，并且被判终身监禁。

这让孙鹏和田绍两家同时都受到了沉重的打击，更令孙鹏一家恼火的是，田绍的儿子在事实面前却坚决不承认是自己杀害了孙鹏的女儿，而田绍为了不让儿子老死在狱中，也极力为儿子拼命奔走上诉。就这样，孙田两家的关系极度恶化，他们在生意场上明争暗斗，结果双方谁也没得到好处，双方都损失惨重。两家人的心情总是被巨大的阴影所笼罩，孙鹏与田绍再也没有真正笑过。

然而，就在苦苦承受了十年的痛苦后，事情终于真相大白，孙鹏女儿的死，和田绍的儿子无关。孙鹏和田绍不约而同说了同样的话："十年来，仇恨让我们付出了沉重的代价，我们所受的心灵上的折磨是用任何财富都支付不起的！其实，我们当初都应该多想想对方的好，把仇恨忘记。"

人生有多少个十年？生命太过短暂，十年的心灵折磨是用任何财富都支付不起的。如果两家都能及时地忘却仇恨，那便不会有如此多的折磨和煎熬了。

面对别人有意或无意带来的伤害，我们到底应该怎么做呢？最理智的做法，不是从道理上去论对错，不是从言行上以牙还牙，而是重在调适自己的内心。

我的朋友云霄是一个非常幸福的人，虽然她并不是很漂亮，但是她无时无刻不散发着自信、娴雅、理性的魅力。在她的字典里，没有抱怨，没有愤恨，她说话总是满脸笑意，不紧不慢。朋友们有什么烦心事都愿意找她，而云霄的处世方式就是：面对伤害，选择一笑而过，这样一切就会烟消云散。

"如果亲人伤害了你呢？"我问。

云霄呵呵一笑，回答道："来自亲人的伤害是不可以记在心里的，因为亲人是不会故意伤害你的。如果亲人不经意地伤害了你，那么，看到你因为他的伤害而难过，他也一定会更加难过，那么，这种伤害和难过会一直延续下去，没完没了地影响生活。都是亲人，何必这样折磨自己和对方呢？”

“那如果是朋友呢？”我继续问。

“只要是真正的朋友，没人会真心伤害我。”云霄回答道，“即使有些朋友言行上有什么地方伤害了我，我也会笑笑而已，朋友也还是朋友。因为他知道我的为人，肯定不是故意而为，最多是个误会。我不想因为这点小事断了十几年或者更长时间的友谊，不值得，于是我就原谅了他。”

“不认识的人伤害了你呢？”我又问。

“陌生人伤害了我，我就更不会计较了，因为他对我不重要。我是为我自己活着，嬉笑怒骂皆由我自己。”接着，云霄补充道，“如此还有什么人能够伤害我呢？”

至此，我彻底明白云霄的快乐之道了。

这世上，没有谁与谁是天生的仇人，只不过因为某件事情发生了矛盾，发生了些摩擦而已，其实完全可以大度地网开一面，这些不值当用生命再去支付痛苦。把伤害不当回事，就是真正彻底地爱护自己。要知道，最有力量的是宽恕、是慈悲，它可以把一切怀恨、不满和烦恼融化掉。

心中坦荡荡，人才会自在。

无关紧要的事，必须忽略

有一年，我和一群好友来了一场自行游，目的地是青海。中途，我们需要徒步绕行青海湖。当时，我随身带了一个厚重的背包，里面塞满了食具、食品、防晒霜、衣服、指南针、护理药品，甚至我还带了手电、移动电源等等。出发前，我对自己的背包很满意，认为自己作好了万全准备。很快，我发现自己总是比别人容易感到劳累，这趟旅行也莫名其妙地变得不愉快。

这天，当地的一位向导检视完我的背包后，突然问："这么多的东西让你感到快乐吗？"

我愣住了，这是我没有想过的问题，我开始问自己，结果发现，有些东西的确让我很快乐，但是有些东西实在不值得我背着走那么远的路。于是，我决定取出一些不必要的东西，只保留了一些必备的东西，能补充能量的水和食物。接下来，因为背包变轻了，我感到自己不再那么容易劳累，旅行也变得愉快了许多。

因此，我得出一个结论：我们应该随时丢弃拖累自己的东西，尤其是无关紧要的东西。

在一本书上，我看过美国心理学家威廉·詹姆斯所说的一句话："明智的艺术就是清醒地知道该忽略什么的艺术。"最初我对这一句话尚不理解，后来通过世事的考验，以及自己的感悟，我才认识到，人千万不要过于关注无关紧要的人和事，而要把时间和精力投入到重要的人和事上。

没错，手机里的信息太多，我们会回不过来；家里的摆设太多，我们会用不过来；衣橱里的衣服太多，我们会穿不过来；公司、家里、朋友间的事情太多，我们会做不过来……这些越来越多的多，让我们逐渐失去对生活的掌控感，感觉总被外界的种种推着走，做事越来越没耐心，心情越来越烦躁。

要想改变这种混乱的状态，那些无关紧要的事，必须忽略。

事实上，我们的头脑就像一座空房子，房子的面积是有限的，牢牢把握住有用的东西，忽略那些不重要的，我们就会找到原本属于自己的快乐！

当周围的姐妹们抱怨孩子学习不好，老公赚钱少，自己身材走样、工作压力大的时候，安然却自得地享受着幸福的日子。事实上，安然的孩子也淘气，老公人到中年也没有混个一官半职，安然自己每天也朝九晚五地上着班，可她并不在意，每天早起去晨练，吹着凉爽的晨风，她都觉得很快乐。

一位朋友问安然："为什么你总是每天乐呵呵？"

安然笑着说："为什么不高兴地活？老公虽然没有大本事，

但人品好，对我很好。孩子淘气，却也很可爱。我们的房子不大，可布置得很温馨。一家人健康平安，这比什么都重要，还奢求什么呢？”

朋友正和安然说着话，调皮的儿子跑过来，拽着她的衣角不停地问一些问题，还不小心打碎了一只杯子。朋友顿时变得恼火，对着孩子劈头盖脸地一顿骂，但安然却温和地提醒道：“孩子有什么错呢？孩子还小，缠着大人是常事，碰碎杯子也是不小心，为什么你要发火？那是多么微不足道的事情！”

朋友惊讶地问：“是不是什么事你都不往心里去？”

“不，”安然解释道，“我只知道这是小事一桩，没有必要怒上心头。”

安然过得快活并非没有烦恼，而是她心胸宽广，心境超脱，不为鸡毛蒜皮之事抓狂，不为微不足道的小事烦恼，如此也就求得了心理上的平静，也就能腾出更多的时间和精力去做更重要的事情，如此也就能创造出更有价值和意义的人生。

一个人的精力是有限的，最易疲惫的是心。

好了，下次遇到不愉快的事情，心情被搅得团团转的时候，终日感觉心衰力竭的时候，好好想想“是什么役使了心灵的脚步？”你会发现自己背负了太多的东西。这时，请提醒自己：“这只是一件鸡毛蒜皮的小事，根本就不值得我去发火。”“生命太短促，何必为微不足道的小事怒上心头？”

相信我吧，这会让你蜕变得越来越优秀，成为真正具有高级感的人。

不要欣赏那个让你摔倒的坑

我的那位心理咨询师朋友，曾接待过一位女性咨询者，该女士是一位海归硕士，在一家外企做企划，工作能力很强，可以说是年轻有为。不过最近她时常感觉喘不过气来，内心被烦恼的乌云笼罩，片刻不得安宁，也没心思工作。为了尽快摆脱这种状态，在一个周末的午后，这位女士来到了朋友的办公室。

朋友得知这位女士的情况后，详细询问了她几个问题。通过这几个问题，了解到她焦虑不安的原因。

原来这位女士一直深受领导的器重，上个月领导让她负责一个重要的企划案，还透露说如果这次企划案能赢得客户的认可，她将有可能被调到更重要的岗位。这是一个千载难逢的机会，她暗下决心一定要作出成绩来，那段时间她不分昼夜地准备这份企划案，一日三餐都顾不上。本来已经准备就绪，可谁知会议当天，由于过度紧张，身体透支，她的脑子一片混乱，不仅说错了话，还几次中断……看到领导失望的表情，这位女士心里便结下了一个疙瘩，怎么也解不开。她不能原谅自己，再没有心情做工作了，以致工作中又出现了几次小失误。她对自己更加不满，甚至对工作失去了当初的信心，觉得自己不适合这个工作，最后无奈地递交了辞呈。

“为什么我会犯这种错误？”这位女士越想越懊恼，“现在我经常吃不下饭，将自己关在房门里整日哭泣，也曾几度想自杀……”

因为一个偶然的错误，丢失了心仪的工作，丧失了生活的勇气。听了这位女士的故事，你是不是也会觉得是小题大做？

人非圣贤，孰能无过，在生活的道路上，每个人都难免会犯下这样或那样的错误。当犯下错误并付出沉重代价时，你可不可以原谅自己呢？事实上，很多人在犯错之后，都会对自己的错误耿耿于怀，经过很长时间也不肯原谅自己。但是，就算不原谅自己又能怎样呢？付出的代价收不回来。

这时最理智的做法是什么？在这里，大家不妨听我讲一个故事：

周末的傍晚，我和先生一同在小区公园散步，中途遇到了我们的邻居高太太，她正陪着四岁的女儿环环在玩耍。一路上环环蹦蹦跳跳，把妈妈甩在了后面。由于跑得有些快，环环没看清脚下，一不小心，被一个小坑重重绊倒在地，随后“哇”地哭起来。

“快站起来！”高太太温和地说道，可是环环并没有站起来，而是一边哭，一边用小指头指着刚刚绊倒自己的小坑。

高太太走到环环面前，指着地面上爬行着的蚂蚁问：“环环，你看这是什么？”

环环趴在地上，揉着泪眼说：“不知道。”

高太太说：“这是蚂蚁。你看，蚂蚁身上背着比它身体还重的东西呢，它爬行的地面也有很多的障碍物，但是它也不会被吓倒。你说，蚂蚁是不是很棒？”

环环立刻说：“是！”

高太太趁热打铁，说道：“妈妈相信，你也不会被眼前的小坑吓倒，是吗？”

环环听了妈妈的话后，似乎忘了摔疼的身体一般，一咕噜便起身站了起来。一边站起身，还一边说：“妈妈，我也很棒吧！”

看着女儿的表现，高太太欣慰地笑了。

看到这一幕之后，我由衷地为高太太的做法叫好。待环环站起来，我和先生才走过去和母女二人打了招呼，并对高太太的做法表示了称赞。“我的经验是，碰到任何困难都要赶快往前走，不要欣赏让你摔倒的那个坑。”高太太说道。

其实，我们成年人和孩子在这点上是一致的，我们也会在人生路上跌跤。而那些真正活得有成就感的人善于放下自己犯过的错误，放下不代表忘记。他们虽然不再为自己的错误耿耿于怀，但他们会以此为戒，记住这次教训，积累经验，下次不再犯类似的错误。也就是说，错误不是一种无知或无能，而是一种宝贵的经验。从错误中走出来，才能去改正；从错误中走出来，才能开始新人生。

经过多年对成功人士的研究，我也得出了这样的结论：成功由三部分组成，一部分是卓越的才能，一部分是良好的机遇，还有一部分就是知错就改，不断进步。

写到这里，我不禁想起中学时一位名叫马尚的男同学。

当年，马尚以7分之差没能考入理想的学校，因为他数学成绩不及格。马尚因此受到很大的打击，因为他早就想好了要报考的大学和专业，那时他的梦想就是成为一名律师。当时，有人劝他说干脆随便上一所专科院校，或者读一个高职院校，但马尚说自己还年轻，想复读再考。一年以后，马尚通过自身的努力，终于将数学成绩提了上去，并且顺利考上了心仪的大学和专业。

即将毕业的时候，马尚已经和一家律师所达成就业协议，谁知毕业考试时，他的某个“偏门”课程的成绩又是不及格，这意味着他与律师身份再次失之交臂。面对这种状况，他有两种选择，一是重修这门课，等下年度拿学位；一是不重修，但也意味着拿不到学位。马尚感到非常沮丧，但很快他就振作起来：“记住眼下这个教训，从哪里跌倒就从哪里爬起。”于是，马尚选择重修这门课程。

面对渺茫未知的将来和异常艰难的专业知识，马尚既不畏惧，也不说苦。当有人问他如果再次不及格怎么办时，他微笑着回答：“我只管好好努力就是了，只要我学到了这些知识，就算成功了。”一年后，马尚以优异的成绩完成学业，并且顺利拿到了毕业证书。如今，他已是一家律师所的知名律师了。

不要欣赏那个让你摔倒的坑，更不要一味地怨天尤人，甚至一蹶不振，不妨想想自己为什么会摔倒，自己有哪些不足或错误之处，更好地认识到自己所欠缺的，在跌倒中爬起，在失败中奋起，仰起头，向前走。这样的人，不必刻意表现，其自身高贵的魅力也就可以一览无遗了。

在美国电影《泰坦尼克号》中，杰克和露丝原本可以共同存活下来，而这只需要由露丝朝漂浮的门板上稍稍偏移一点就可以实现，但已经被吓坏了的露丝却不敢动一下。结果，杰克把生存的机会让给了露丝。值得庆幸的是，露丝获救以后，没有沉浸在自责和悔恨之中，而是非常珍惜自己的人生，她把杰克藏在心里，照常结婚生子，照常享受人生。她清楚，唯有这样才不算辜负杰克。

当我们看到了美好的未来，眼前的坑就只是一种考验，难道不是吗？

活着，才是最生猛的反击

最近我身边的一位朋友过得不如意，先后经历了被男友抛弃、创业失败、职称考试落榜等一系列打击，整个人变得很消沉，几乎处于“油米不进”的状态，于是我便推荐了一部高水准的励志小说——《金色梦乡》。这是日本伊坂幸太郎的代表作，讲述了一个常人绝对难以忍受的人生遭遇。

主人公青柳雅春是一名普普通通的快递送货员，原本过着平平淡淡的生活。然而某天，新晋的首相遭到暗杀，警方的证据全都指向青柳，原来，有人早已处心积虑地布下陷阱，青柳百口莫辩。心狠手辣的秘密组织追捕他，试图杀人灭口。从此刻开始，要么死，要么逃，青柳选择了逃亡，开始与看不见的强权对抗。“跑吧，就算我们无力反抗，但也绝对不能让他们得逞。”

尽管已经被全世界认定为杀人犯，但青柳想活着，想找到真相。他逃过一次次的死亡，每一次经历着死亡时，他都感觉到绝望。

他也会情绪失控，但他知道只要活着就有希望。可能是为了家人，也可能是为了自己，可能为了一切，一路上他忍受着饥饿、恐惧和各种危险，从来不曾倒下。

这，就是一个普通人九死一生的逃亡之路。

我特别喜欢这个故事，也欣赏这个身陷绝望却永不放弃的男人。我在为他捏汗的同时，也在思考生存的意义。生活里我们何曾没有遇到过，说不出的艰难时刻，落魄得狼狈不堪，但都无所谓。只要还活着，就总有希望。活着，用力活着，才是最生猛的反击。而这，正是我想告诉朋友的话。

上初三时，学习压力沉重，再加上青春期，我变得比较多愁善感。当然这种情况并非我一个人，当时我们邻校的一位学生因为中考成绩不理想，在自家的居民楼跳楼了，所幸楼层不算高，该学生没有生命大碍，但据说左腿骨折，留下了残疾。我记得当时妈妈跟我说过这样一句话："生活再苦再累我都不怕，我最害怕的是你们在遇到困难时有轻生念头，那我所有的辛苦就白费了。"

后来，妈妈还在杂志上找到一篇文章，让我好好读一读：

在某个戈壁滩上生活着一棵杨树，杨树孤苦无依，不幸又在一次暴风雨中遭遇了雷劈，原本郁郁菁菁的生命瞬间浑身焦黑，似乎没有了生命力的象征。

到了冬天，一位当地人经过，觉得这棵树活不了了，就想伐了当柴烧。

不料杨树竟然流泪了："求求您，不要砍伐我，给我一个冬天的时间，好不好？我在慢慢积蓄力量，就等春天来了再发芽呢！"

这个人听杨树说得可怜，于是停下了斧头，但他不相信一段焦木能再发芽。

转眼春天就到，这个人再次经过的时候，在那段焦木最上面的枝头上，发现居然真的长出了一抹嫩绿。

“大自然的生命如此顽强，我们生而为人，更应如此。”妈妈说。

这句话一直提醒我再难都不可以有轻生的念头，更不能有轻生的举动。即便是在高考专业选择失误，最迷茫与无助的日子里，我也始终相信，再阴郁的生命也会迎来万物更生的春天。活着是对生命价值与意义的最好诠释，只要生命还在，就有希望和梦想；只要生命还在，就有幸福和快乐。

或许小说和我的个人经历不够深刻，那么我们再来看一则真实的故事：

布里奇是一个美国人，他的父亲是汽车推销商，家境还算不错。在一个良好的环境当中，他健康地成长，活泼开朗的他喜欢很多运动，也是长辈眼中的乖孩子，老师眼中的好学生。在他长大后，他成为了一名士兵。他的成长之路没有阻碍，但有一天，厄运降临了。

在一次军事行动当中，布里奇受委派驻守一个山头。战况很激烈，在双方对峙的时候，有一枚炸弹进入了他们的阵地。布里奇用最快的反应扑向了炸弹，想要将炸弹扔开。然而他终究不是时间的对手，在他扑向炸弹的那一刻炸弹爆炸了，他受了重伤，失去了知觉。经过紧急抢救，他脱离了危险，并最终苏醒了过来。

当布里奇醒来后，整个世界都变了样子。虽然他还看得见，但这也是很残酷的，因为他看到了自己残缺的身体——右腿和右手已经没了，截肢的疼痛时常折磨着他。他没有叫嚷，因为他失去了叫嚷的能力，他的喉咙被弹片穿透了。但他看起来一点也不悲伤，脸上反而洋溢着幸福。

多年之后，布里奇才告诉别人，在这段痛苦的日子里，他反复地在心里告诉自己："虽然下半辈子要拄着拐杖，或者坐着轮椅生活，不过，我还活着，这对我来说就是最大的幸福！我还可以吃饭，还可以喝水，还可以看到高远的天空和人间景象，还可以和别人握手，感觉到人体的温暖和无声的爱……"就是靠着这样的信念，布里奇逃脱了死神的魔爪，并在之后振作了起来。

布里奇虽然无法自由行动，但是他凭借自己的头脑和思想开始了新的人生——他进入了政界。从政后的他首先进入了州议会，之后竞选副州长，但并没有成功。对于普通人来说，这无疑是又一次沉重的打击，但他仍然坚信着春天会降临，他可以坐着轮椅打篮球，并开始学习驾驶。身体残缺的他靠着自己的毅力驾驶着特制的汽车，并以自身的经历展开了支持退伍军人的活动。34 岁的大好年华，他成为了美国复员军人委员会的负责人，在历任负责人当中，他是最年轻的一个。当他从委员会负责人的岗位离开之后，他回到了家乡，没多久，就成为了家乡州议会的部长。

布里奇的传奇故事激励了一代又一代的美国人，他以自己的经历告诉世人，只要我们还活着，就一定还有希望。只要有希望，便无须害怕任何困难与阻碍。

讲到这里，我希望大家都可以重新审视自己的生命。当面临生活中繁杂的纠葛、苦痛、伤害、低迷等问题时，不要一味地沉溺，而要能和自己多说“幸好我活着”，相信你会对生命有一个全新的概念，珍惜生命中的分分秒秒，进而满怀对生命的感激之情，将生活过得安然、幸福而有意义。